はじめに――有機物を使って農業する時代に

近年、地方移住や田園回帰の動きが進み、農業・農村に関心を寄せる人たちの間では環境に優しい有機栽培が人気です。家庭菜園においても、モミガラ、米ヌカ、鶏糞といった有機肥料・資材が人気のようです。

農家の経営からみても、有機物資源の肥料活用が注目されています。背景には世界的な人口増で食糧増産のために肥料需要が高まり、化学肥料が高騰していることがあります。日本は化学肥料原料の多くを輸入に頼っているため、その影響を大きく受け、２００８年の肥料原料価格高騰をきっかけに肥料代減らしが農家の課題になっています。そこで、堆肥も含めた身近な有機物をうまく施肥に活かす知恵が求められています。

本書は、『現代農業』２０１９年1月号の「今さら聞けない　堆肥とボカシと微生物の話」、２０２０年10月号の「手づくり有機資材のQ＆A」などをベースに過去の有機肥料の記事を加えて再編集したものです。「有機物とは」「有機肥料とボカシ肥と堆肥の違いとは」「発酵とは」といった基本的なことから、身近な有機物を使った各種ボカシ肥のつくり方使い方や、重労働といわれる堆肥つくりや堆肥散布をラクにする方法までまとめました。有機物とは切っても切れない関係の微生物のこともわかりやすく解説しました。

本書の姉妹版「今さら聞けない肥料の話」は化学肥料をベースにまとめています。併せてお読みいただけると幸いです。

２０２1年2月

一般社団法人　農山漁村文化協会

目次

第2章　発酵とは

有機肥料の話 絵目次

有機物には肥料にしやすいもの、しにくいものなど、それぞれの特徴がある（25、60ページ）

肥料に使いたい

有機物

各資材の肥料成分（25ページ）

カタイ有機物は土を団粒化する（32ページ）

ボカシ肥

つくり方の基本（68ページ）

嫌気性発酵させるとより肥料として効く（90ページ）

有機物を分解して堆肥や肥料に変えるのはオレたち微生物だぜ（19、42ページ）

堆肥

材料の選び方（98ページ）

未熟でもスポット施用や小山盛りなら害なく使える（130ページ）

中熟を土に入れてから養生期間をおいて使うと土壌病害虫が防げる（127ページ）

堆肥の肥料成分を計算すれば、肥料として使える（138ページ）

土つくりに使いたい

（水はけをよくしたり、やせた土を肥やしたりする）

有機物別さくいん

＊ページは、掲載されている記事の始まりです。

ボカシ肥つくりって楽しい

神奈川県南足柄市・千田正弘さん、富美子さん

有機農業を志して東北から神奈川県に移住して20年、米と野菜、茶を個人宅配している千田さん夫婦のボカシ肥つくりに欠かせないのが、原料となる「土着菌」だ。

土着菌のかたまりであるハンペンを発見した千田さん夫婦（写真はすべて田中康弘撮影）

雑木林でハンペンを捕まえる

地面をよく見てハンペンを探す。ハンペンとは、雑木林や竹林など、その土地にいる土着菌の菌糸がマット状に発達したかたまりのこと。落ち葉の下や樹の根元などに多い

土着菌を探した雑木林。広葉樹が生え、ほどよく木漏れ日が入る場所がねらいめ

富美子さんが真っ先に見つけた小枝についた土着菌

土着菌については40ページも参照

ハンペンをタネ菌にボカシ肥をつくる

タネ菌を仕込む樽とその材料

タネ菌を仕込んでいるところ

●タネ菌のつくり方

米ヌカ（ハンペンの5倍量）と米のとぎ汁（米ヌカを握ったとき崩れる程度の量）を混ぜ、ハンペンと腐れモミガラを加えて再び混ぜる。湿気が逃げないようにワラと米袋を被せ、樽をビニールで覆う。2週間、じょれんで毎日かき混ぜる。

●ボカシ肥のつくり方

仕込む前々日、鶏小屋で穴を掘り、米ヌカを入れ、水をたっぷりかけ、鶏糞を被せ発酵させておく。樽の中で、米ヌカ（米袋1袋）、油粕（20kg）、モミガラ（米袋半分）、モミガラくん炭（米袋半分）、カキ殻（2ℓ鍋2杯弱）、タネ菌（米袋1/4）を混ぜ、その真ん中に穴を掘り、発酵米ヌカ鶏糞（米袋1/4）を埋め熱源にする。あとの処理はタネ菌と同じ。約2カ月で完成。

効き目が速く、野菜も元気に育つ

野菜は元肥なしで、ボカシ肥の追肥でつくる。イネには育苗時に油粕を主体にしたものを施し、追肥用には米ヌカをベースに田んぼの土も混ぜる

楽しいじゃないですか。
この土地にいる菌で肥料をつくって、
野菜を育てるなんて

ラッカセイを収穫。異常気象でもしっかり育った

第1章

教えて 藤原俊六郎さん

有機肥料とは

米ヌカやモミガラ、鶏糞や生ゴミなど、
身近な有機物の選び方と活かし方——。
その基本を、ベテラン研究者の
藤原俊六郎さんに教えていただいた。

藤原俊六郎さん
(元神奈川県農業総合研究所、元明治大学特任教授)

有機肥料とボカシ肥と堆肥の話

図1

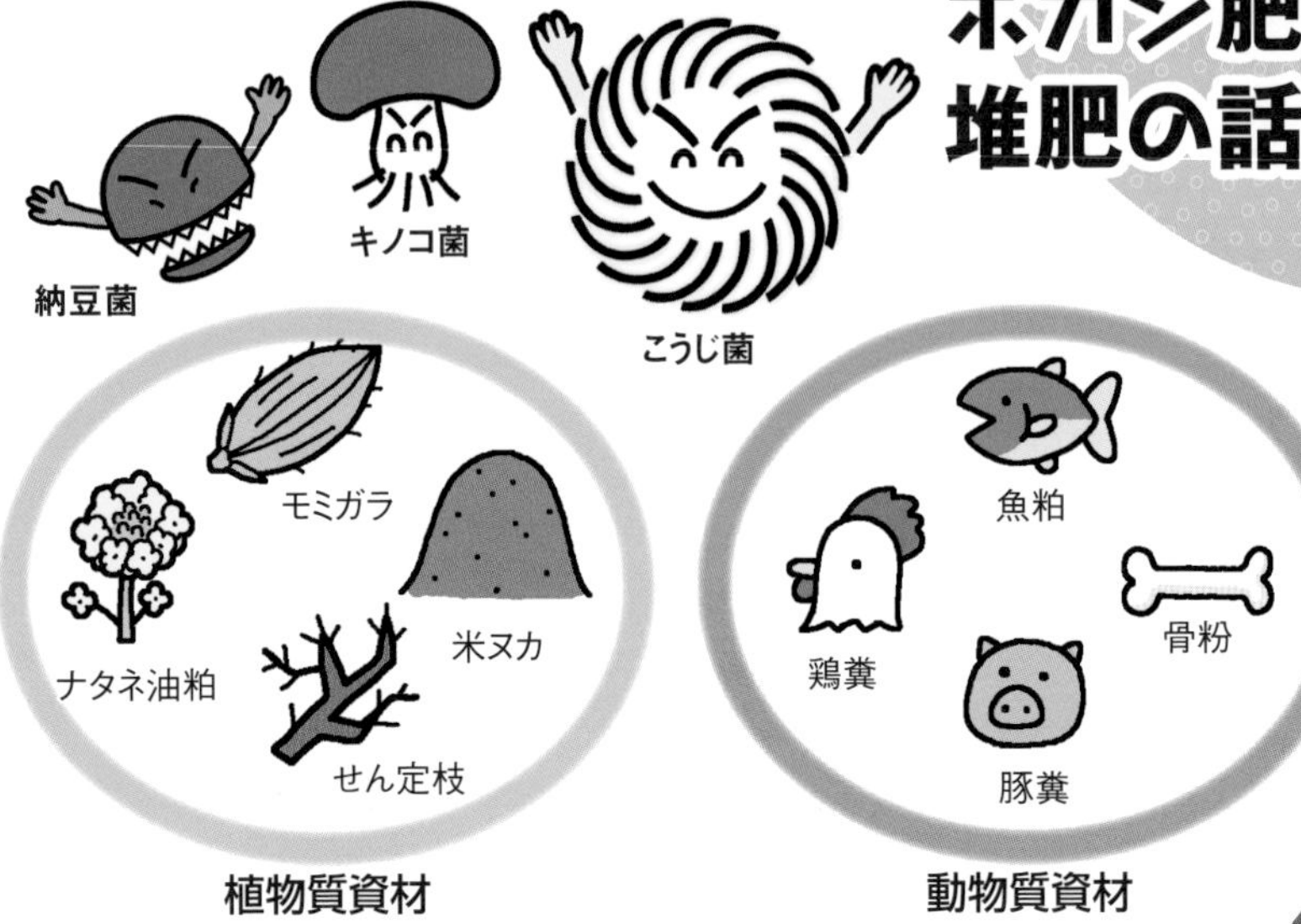

Q 今さらだけど、「有機物」ってなに？

A 私もあなたも、野菜も家畜糞も有機物。農業は、有機物をつくりだす産業です。

有機物とは、正確にいえば「炭素を含む化合物」という意味ですが、まあ、一般的には「生物由来の物質」を指しています。つまり、植物や動物、微生物などの生物と、その生産物（や排泄物）のこと。私たち人間も、野菜も家畜糞もすべて有機物。農林水産業は、生物を扱う産業、すなわち有機物を生産する産業というわけです。

そして有機質肥料（有機肥料）とは、「有機物」を原料にした肥料のこと。ということは、農林水産業から生まれる肥料ともいえそうです。

Q 有機物なら何でも肥料になるの？

A 肥料になりやすいもの、なりにくいものがある。

有機物は炭素（C）、酸素（O）、水素（H）と肥料

図２　化学肥料と有機肥料の違い

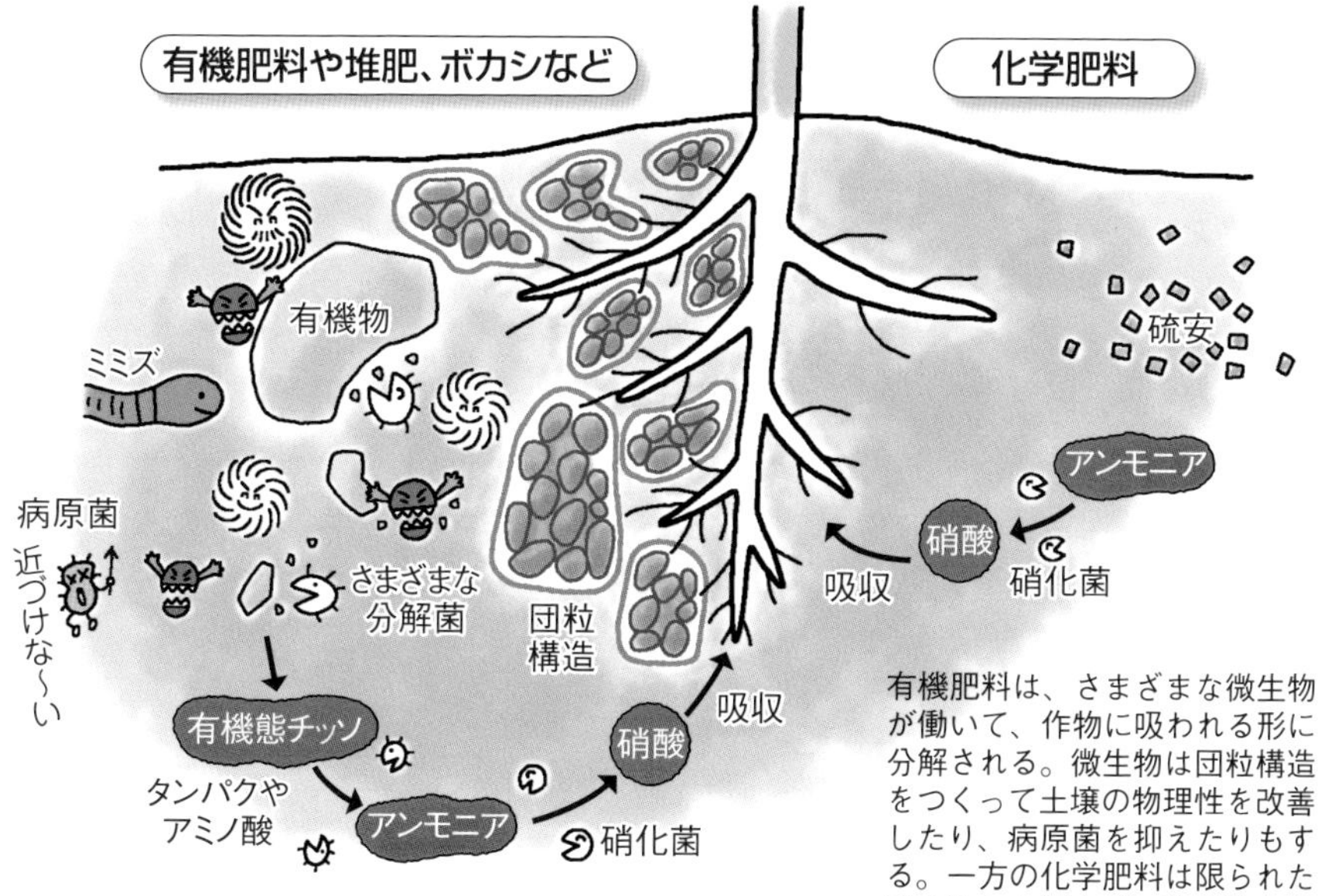

有機肥料は、さまざまな微生物が働いて、作物に吸われる形に分解される。微生物は団粒構造をつくって土壌の物理性を改善したり、病原菌を抑えたりもする。一方の化学肥料は限られた微生物しか働かず、物理性や生物性の改善効果はほとんどない

成分（チッソやリン、カリなど）から構成されていて、微生物によって分解されると（分解についてくわしくは20ページ）、二酸化炭素（CO_2）と水（H_2O）、ミネラル（肥料成分）になります。つまり、ほとんどの有機物は微生物の分解によって肥料に生まれ変わるわけです。

ただし、肥料にしやすいものとしにくいものがあります。一般に「動物質資材」（魚粕や骨粉、鶏糞や豚糞など）はチッソとリン酸が多くてカリが少なく、分解が早いので肥料効果が出やすいのですが、「植物質資材」（ワラやモミガラ）はカリが多くてチッソとリン酸が少なく、分解も遅いので肥料効果は劣ります。

また、身近なところではキョウチクトウなど、毒を持つ植物や動物は、肥料にも堆肥にもできません。

Q 化学肥料と比べて、有機肥料のいい点は？

A 循環型で環境に優しい。そして微生物を育て、土壌環境も改善してくれる。

まず、肥料取締法という法律では、有機肥料は「普

図3　化学肥料に負けない速効性の鶏糞

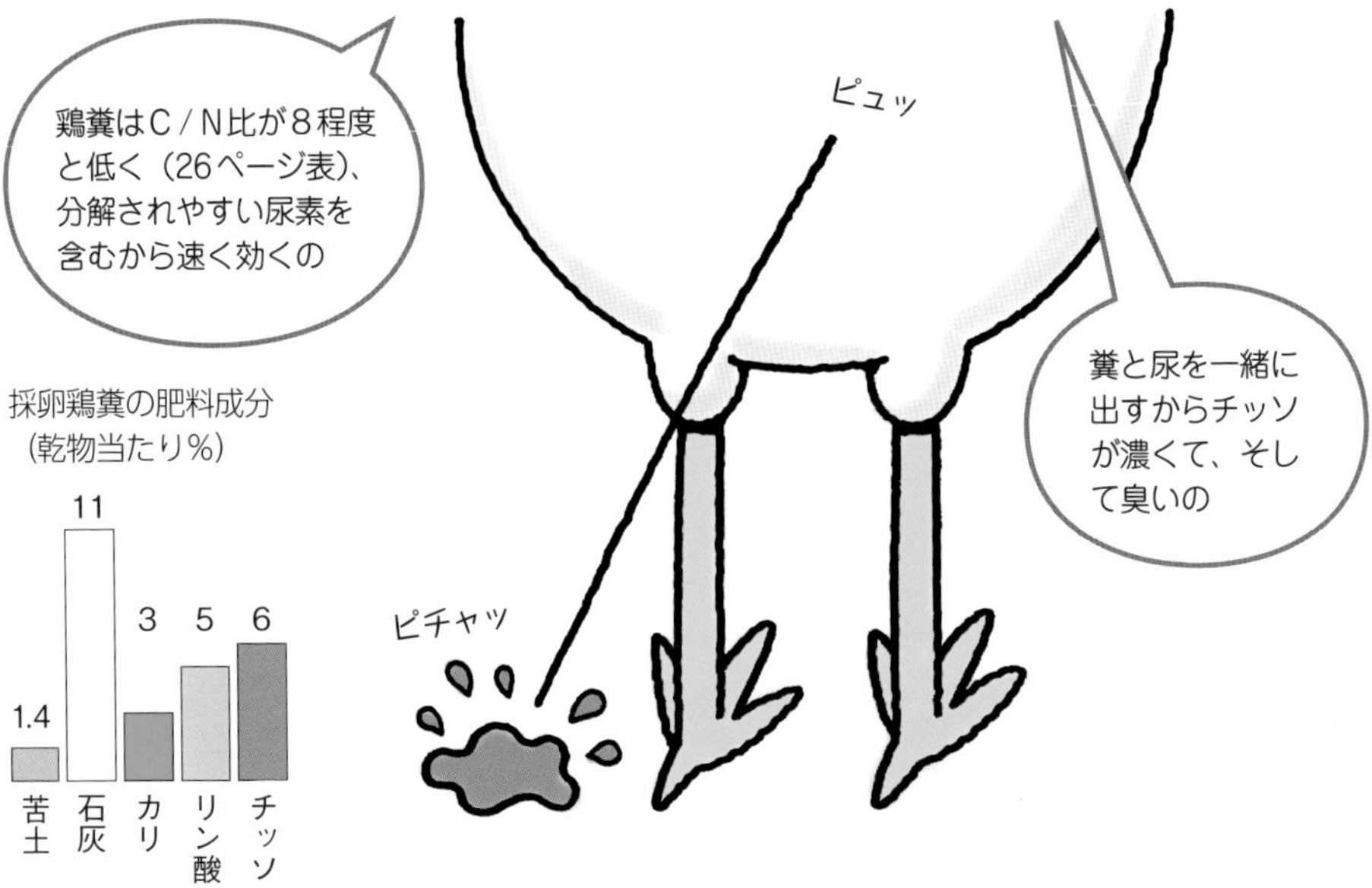
鶏糞はC / N比が8程度と低く（26ページ表）、分解されやすい尿素を含むから速く効くの
ピュッ
糞と尿を一緒に出すからチッソが濃くて、そして臭いの
ピチャッ
採卵鶏糞の肥料成分（乾物当たり%）
1.4
11
3
5
6
苦土
石灰
カリ
リン酸
チッソ

通肥料」と「特殊肥料」とに分けられています。そして普通肥料は、動物質肥料（魚粕や骨粉など）と植物質肥料（油粕類）とに分けられます。いずれも製造方法や成分がきちんと決められた肥料です。一方の特殊肥料は、一言でいえば普通肥料以外のもの。家畜糞尿や食品粕、堆肥やボカシも特殊肥料です。

いずれにしても有機肥料は生物由来ですから、作物生産に使うことは資源の循環になり、環境に優しいといえます。また、化学肥料は作物に必要な成分（たとえばチッソ・リン酸・カリ）に特化してつくられていますが、有機肥料には肥料成分以外に、微量要素（鉄やホウ素など）や微生物のエサになりやすい成分（たとえば糖質やアミノ酸）が含まれます。作物の生育とともに、土壌環境を改善する効果もあるわけです。

Q でもすぐに効かせたいなら、やっぱり化学肥料でしょ？

A 速効性の有機肥料もありますよ。

有機肥料というと、微生物の分解によって肥料効果が現われるため、どれもゆっくり効くと思われがちです。しかし中には、速効性のものもあります。

速効性有機肥料の代表格は乾燥鶏糞です。乾燥鶏糞は無機態の成分を多く含むため、肥料効果が早く出ます。ただし糞を乾燥しただけの資材なので、施用後、土壌中で急激に分解してガスが発生し、作物の根に障害を及ぼすこともあります。そのため、元肥として使うときは作付けの2週間以上前に施用し、追肥として使うときは株から少し離してスジ状に施用するのがコツです。

また、魚粕や油粕、米ヌカはやや緩効性ですが、ボカシにすると早く効果が出ます。また、油粕を水につけて、速効性の液肥にする方法もあります（23ページ）。

Q ズバリ、一番のおすすめ有機物はどれ？

A 肥料効果を求めるなら鶏糞。土つくりなら落ち葉や馬糞、牛糞堆肥がおすすめです。

化学肥料に匹敵するような肥効を求めるなら、やはり乾燥鶏糞がおすすめです。成分当たりの価格が化学肥料よりも安く、経済的です。肥料効果よりも土つくり（おもに物理性改善）に期待したいのなら、繊維質の多い落ち葉堆肥や馬糞堆肥、牛糞堆肥がよいでしょう。

自分でつくる楽しみを求めるなら、身のまわりで手に入りやすい生ゴミや落ち葉堆肥がおすすめです。

Q 有機肥料と堆肥、ボカシ肥はどう違う？

A それぞれねらいが違う。ボカシは肥料と堆肥の中間です。

有機肥料はその名のとおり、肥料として使うことを目的としています。油粕など肥料成分の多い材料でつくり、施用量は500kg／10a程度。堆肥は落ち葉やワラなどの植物性資材や家畜糞尿などの動物性資材を堆積して、微生物の力で分解（発酵）したものです。土壌改良と地力維持が目的で、普通は肥料効果をあまり期待しませんが、最近は「堆肥栽培」といって、その肥効を活かす栽培方法もあります。施用量は1～2t／10aと多量です。

ボカシ肥はその中間的なもの。肥料成分の多い有機物を混ぜて微生物によって発酵させるため、作付け直前に施用しても作物に障害を及ぼしません。施用量は500～600kg／10aが適当です。

Q 今さらかもしれませんが、堆肥やボカシを畑に入れると、なぜ菌が殖えるんですか？

A 堆肥中の微生物が土中で殖えるし、土壌中にもともといた微生物も殖えます。

まず、堆肥もボカシも非常に多くの微生物を含んでいます。田畑に堆肥を入れると、その環境に適さない微生物は土着菌などに殺されたりしますが、生き残るものもいます。それは、新たな土着菌となるわけです。また、堆肥には有機物が多くあり、それをエサに、もともといた土着菌も殖えます。堆肥の中の死んだ微生物もエサとなります。

おもしろいことに、堆肥を投入すると、土壌中にもともとあった有機物の分解も進みます。これは「プライミング効果（起爆効果）」と呼ばれる現象で、チッソをはじめ多くの養分が放出されます。土壌微生物が殖えて、蓄積された有機物まで分解し始めるんですね。

図４　堆肥の施用で微生物が殖える

（小松、1976）

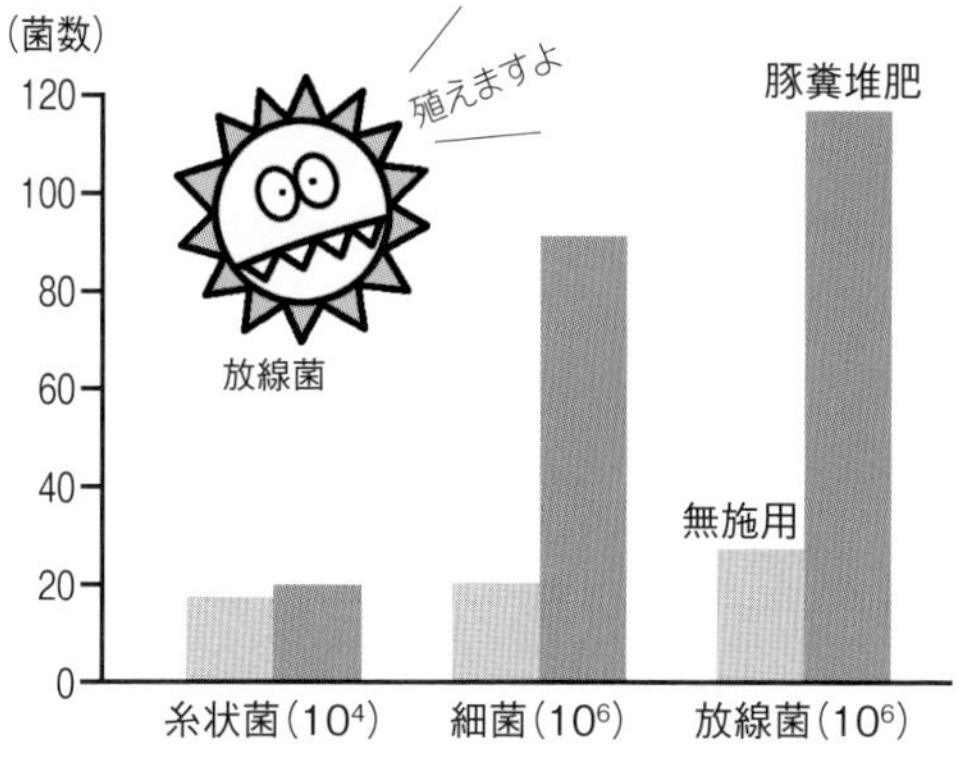

豚糞堆肥を５ｔ/10ａ施用後の微生物の殖え方。細菌や放線菌は何倍にもなる

Q 堆肥の中にいるのは何菌ですか？

A 堆肥化は糸状菌、放線菌、細菌のバトンリレー。応援団もたくさんいます。

堆肥には非常にさまざまな微生物がいます。堆肥の

図5　堆肥化の微生物リレー（イメージ図）

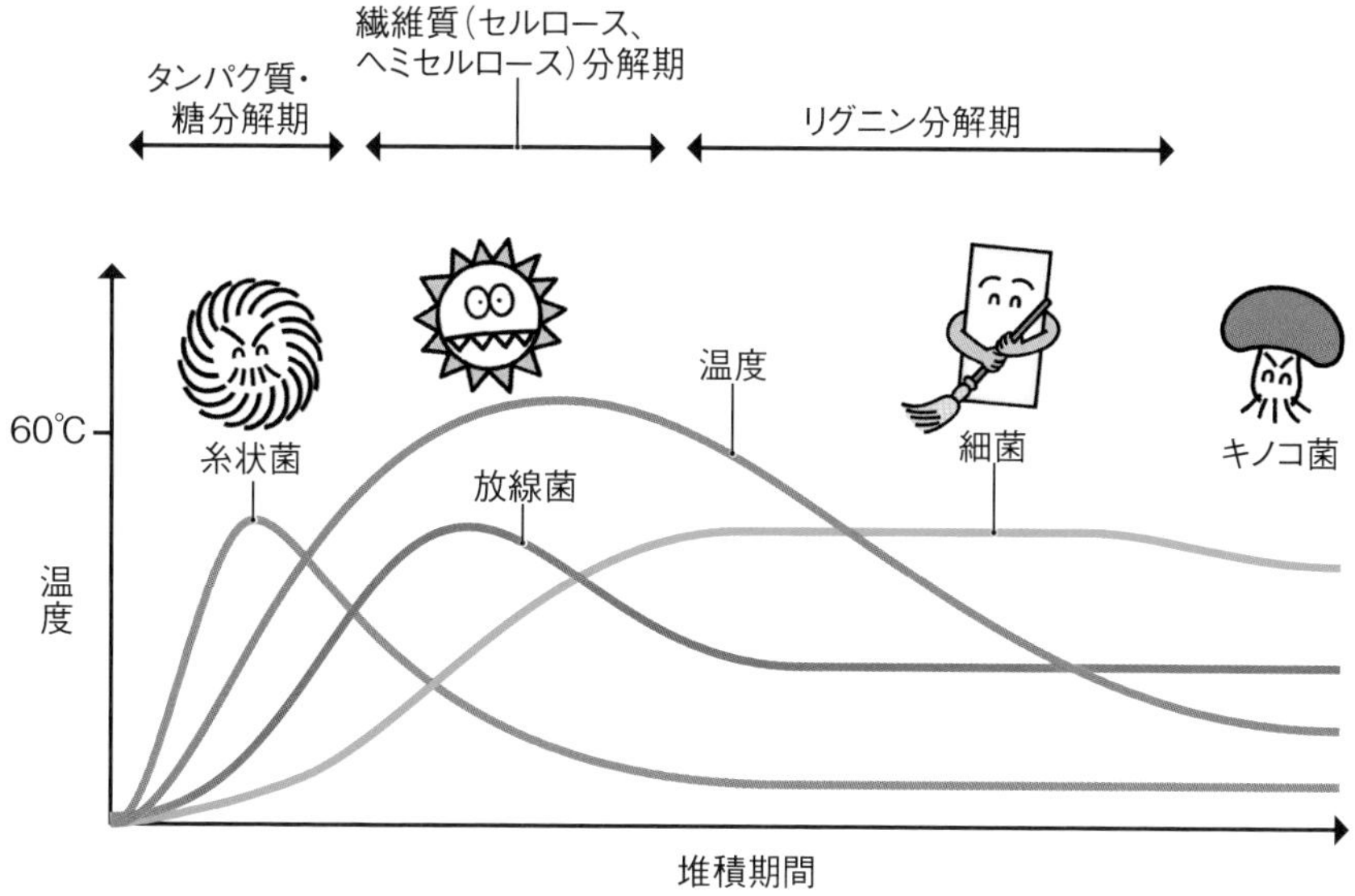

材料を積み込むと、まずこうじ菌などの糸状菌（カビ）が糖類やタンパク質、アミノ酸などを分解します。糸状菌は増殖速度が他の微生物より速く、スタートダッシュが非常によいスターターです。有機物の分解が急激に進んで堆肥の温度が上がります。ところが、糸状菌は高温に弱く、あまり温度が上がると活動できなくなってしまいます。

次に殖えるのは高温に強い放線菌で、糸状菌が食べられなかったセルロースやヘミセルロースなど、やや硬い繊維質を分解します。堆肥はこの時期がもっとも高温で、条件がよければ60℃以上に上がります。放線菌には抗生物質をつくるものが多く、病原菌を抑制する役割もあります。

エサが少なくなると放線菌もおとなしくなり、代わりに細菌（バクテリア）が殖えて、軟らかくなった繊維を食べます。

最後に残ったリグニンは、キノコ菌などやや大型の微生物が分解。この頃になると、堆肥の中にミミズのような小動物が見られるようになります。

以上のような糸状菌→放線菌→細菌のリレーは、主として働く菌を単純化して示しているだけです。実際には堆肥化のすべての過程で、すべての種類の微生物

図６　ボカシ肥（発酵肥料）をつくるときにおもに働く微生物

41ページの薄上秀男さんは糖化、タンパク質の分解、アミノ酸の合成という３段階の発酵をさせた肥料を「発酵肥料」と名づけた。ボカシ肥の一種だが、微生物とアミノ酸、ビタミンなどの成分をより豊富に含む。

発酵第１段階
糖化作用
（中温 微酸性）
→
発酵第２段階
タンパク質・アミノ酸分解作用
（高温 アルカリ性）
→
発酵第３段階
アミノ酸合成作用
（低温 酸性）

①発酵のスターター こうじ菌
おもな仕事は、デンプンなどの炭水化物からの糖つくり。まず最初に有機物にかじりついて、あとの連中のために働くよ。分解も少しはするけど、本格分解は次の納豆菌にお任せさ

②分解屋の納豆菌
難しいものはオレが分解。こうじ菌のつくった糖を食べて活動開始。タンパク質とアミノ酸に分解するのが得意だけど、たまにやりすぎちゃうので注意

③掃除屋の乳酸菌
ハイハーイ。私がpHを下げて納豆菌の暴走を止め、次の酵母菌が気持ちよく入ってこられるよう掃除しまーす

④合成屋の酵母菌
植物にも人間にもいいアミノ酸やビタミン、ホルモン、核酸なんかもたっぷりの極上肥料に仕上げるわ

（くわしくは46ページ）

が働いています。堆肥化はこうじ菌など好気性菌が主体ですが、部分的には乳酸菌や酵母など嫌気性菌も働いています。リレーの選手のほかに、応援団もいっぱいいるというわけです。

Q ちなみに「発酵」と「腐敗」って何が違うんですか？

A 堆肥やボカシは「発酵」ではなく、正確には「分解」です。「腐敗」の定義はありません。

「腐敗」も「発酵」も、ともに微生物が有機物の形態を変化させた結果をいいます。厳密にいえば、嫌気性菌が酸素を使わないで有機物の形態変化からエネルギーを得ることを「発酵」、好気性菌が酸素を使って有機物を変化させることは「分解」といいます。そして、「腐敗」についての定義はありません。一般には、微生物活動によってできたものが、人間にとって有益なら発酵、無益なら腐敗と呼んでいます。

よく「ボカシの発酵が進む」「堆肥を二次発酵させる」などといいますが、これも厳密にいえば「分解」

というべきなんですね。堆肥は人間にとって有益なので、発酵という言葉を使っているわけです。この記事中も、とりあえず「発酵」としておきましょう。

Q チャレンジしてみたけど、臭くなっちゃった

A 原因は二つ。ポイントは温度と水分調整です。

有機物を分解する菌には、酸素を必要とする「好気性菌」（糸状菌や枯草菌など）と必要としない「嫌気性菌」（酵母や乳酸菌など）がいます。堆肥もボカシも、主として働くのは好気性菌。水分50～60％というのは、この好気性菌が働きやすい環境です。

さてそのうえで、悪臭の発生には2種類あります。まずは好気性菌が活発に働き、積んだ有機物の温度が高くなってアンモニアが発生したとき。切り返しをしながら山を小さくして、温度上昇を抑えれば防ぐことができます。

いっぽう、水分が多すぎてべちゃべちゃした感じになると、嫌気性菌が働いて乳酸や酢酸など、揮発性有機酸類が発生して悪臭となります。このときは温度も上がらないのでハエなどが寄ってきます。切り返しをしながら、乾燥した草木類を混ぜるといいでしょう。

ボカシ肥に土を入れておくと、ニオイ成分が吸着されて微生物に分解されるので、悪臭の発生は抑えられます。ゼオライトを混ぜても同じ効果があります。

Q ところで、27ページの一覧表に出てくる「C／N比」って何でしたっけ？

A 有機物の分解されやすさを示す値。堆肥の素材選びに役立つ目安です。

有機物の約半分は炭素です。C／N比はその炭素（C）に対してチッソ（N）がどれだけあるか。つまり有機物に含まれる炭素とチッソの比率のことで「炭素率」ともいいます。おおむねC／N比20を境として、それより小さい（チッソが多い）ほど、微生物による分解が早く、反対に大きいほど分解が遅いといえます。繊維分（炭素）を多く含む植物体のC／N比は20以上で、有機物の分解が進んで安定した土では10程度

図7　C/N比とチッソの無機化率

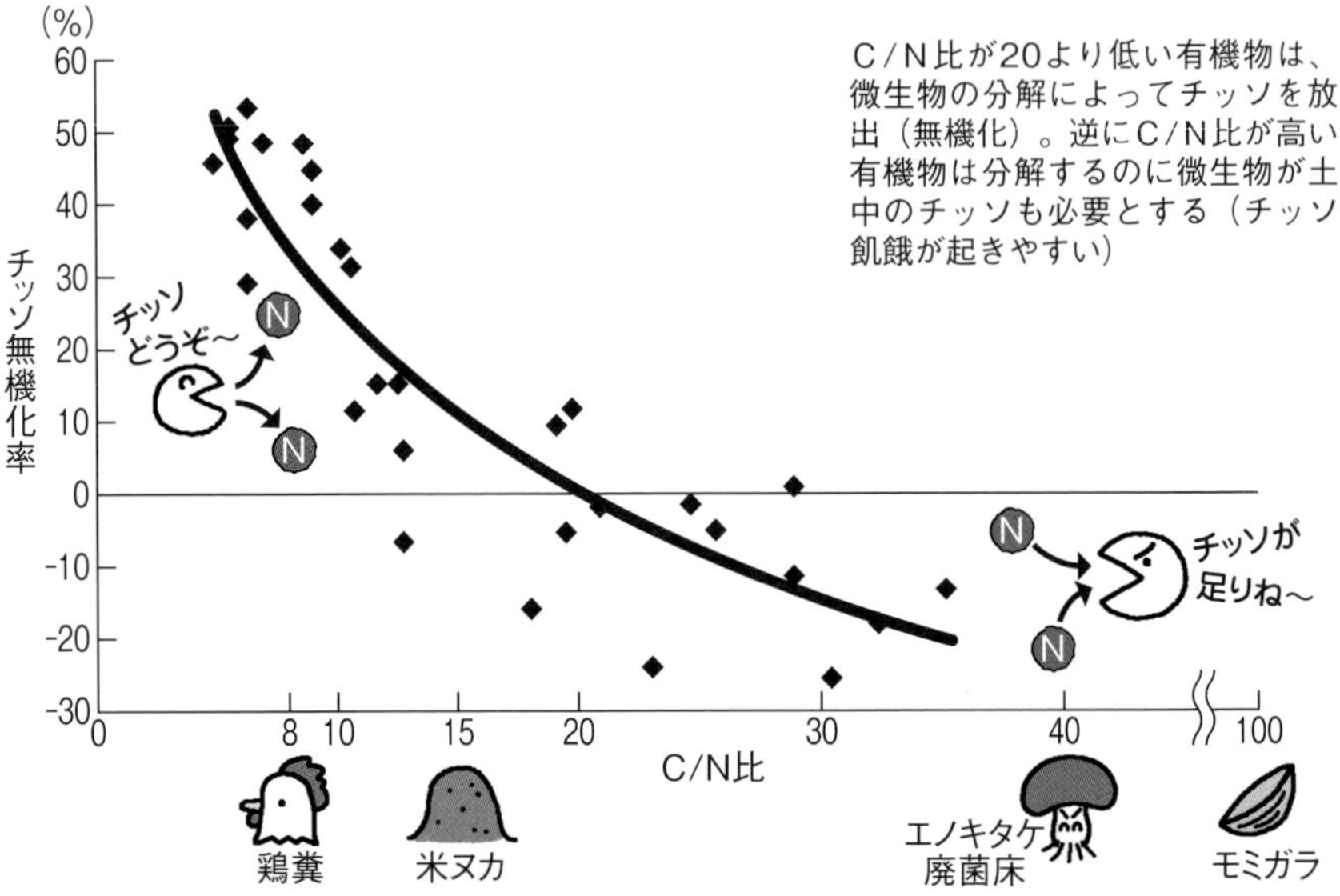

C/N比が20より低い有機物は、微生物の分解によってチッソを放出（無機化）。逆にC/N比が高い有機物は分解するのに微生物が土中のチッソも必要とする（チッソ飢餓が起きやすい）

になります。

堆肥をつくるとき、C／N比が高く分解しにくい素材には、C／N比が低い素材を混ぜて全体が20〜30程度になるようにすると、発酵が進みやすくなります。

有機物のC／N比は発酵が進むにしたがって下がっていきます。それはどういうことか。たとえば私たち動物は、酸素を吸って二酸化炭素に変えてエネルギーを得ていますね。このとき、食べもの（有機物）に含まれる炭素を使って、二酸化炭素に変えています。大部分の微生物も同じように酸素を使って、有機物から得た炭素を二酸化炭素に変えることでエネルギーにしているわけです。

つまり、微生物が活動すると（有機物の分解が進むと）、炭素は二酸化炭素（炭酸ガス）となって放出され、徐々に減っていきます。いっぽう、チッソは体をつくるタンパク質として、微生物に取り込まれていきます。炭素は減るけれどチッソの量は変わらないので、C／N比は低くなっていくわけです。

Q 未熟な堆肥を入れると作物に障害が出るそうですが、未熟ってどんな状態？

A これもC／N比と関係があります。

一般的な堆肥の原料のC／N比は20〜30で、発酵が進んで腐熟した堆肥は15以下となります。未熟でC／N比が高い（20以上）堆肥をそのまま施用すると、土壌中で微生物が急激に殖え、堆肥の炭素を分解するために土壌中のチッソを吸収してしまいます。これがいわゆる「チッソ飢餓」。作物が生育不良になることがあります。

また、未熟鶏糞などC／N比が10以下の有機物を施用すると、微生物が炭素を分解するにしたがって余分なチッソをアンモニアガスとして放出。このガスの発生によって作物に障害が出ることがあります。施用する堆肥のC／N比は高すぎても低すぎてもダメなんです。

とはいっても、堆肥のC／N比は手軽に測れませんが十分に腐熟させれば大丈夫。人間の感性も植物の感受性も似たようなものなので、ひとつかみして手触りがよく、ニオイをかいで不潔感がなくなった状態なら腐熟したと考えてOKです。あとは使い方次第。もし有機物を「生」の状態のまま使うのであれば、土にすき込んでよく混ぜ、1カ月以上たってから作付けます。

Q 追肥で使える有機液肥も手づくりできますか？

A もちろん。「腐汁《くされじる》」のつくり方を紹介しましょう。

有機肥料を水に入れて水溶性の成分を溶かせば、速効性のある液肥になります。昔から広く知られる方法として「腐汁」という油粕の液肥があります。簡単なつくり方を紹介しましょう。

2ℓのペットボトルに油粕200㎖を入れ、いっぱいに水を入れて軽くフタをします（きっちり締めると破裂することもある！）。日当たりのよい場所に置いておけば、夏は1カ月、春秋は2カ月、冬は3〜4カ月で完成。上澄み液を5倍に薄めて追肥に使います。底に残った油粕も十分分解した緩効性肥料として使えますよ。

油粕の代わりに鶏糞堆肥でもＯＫ。ただし、長期間おくととんでもなく臭くなるので、１週間以内に使いましょう。ほかにも、草を腐らせたり、納豆を使ったり、いろんな有機液肥のつくり方があります。調べて挑戦してみるのも楽しいと思います。

図８　速効性有機液肥「腐汁」のつくり方

水
キャップはゆるく締めておく
油粕200mℓ
菜種油粕
2ℓのペットボトルに油粕200mℓを入れ、水をいっぱいに満たして放っておくだけ

風通しのよい場所に、直射日光を避けて置いておけば、夏は1カ月で完成。上澄みを5倍に薄めて使う

油粕の代わりに鶏糞堆肥でも液肥はできる。モミガラ、米ヌカを入れた鶏糞堆肥（依田賢吾撮影）

有機質資材の話

Q それにしても、有機質資材といってもいろいろですね。それぞれの特徴を全部知りたい！

A それでは、各種有機物の特徴を一挙公開しちゃいましょう。

イナワラ、モミガラ、米ヌカ
――水田が生む有機物の王様

イナワラは堆肥や敷きワラなど活用範囲の広い資材です。イナワラの肥料成分は、品種、土壌、気象条件、肥培管理などによって違い、寒地で栽培されたものは、暖地で栽培されたものよりも肥料成分が多い傾向があります。

モミガラは、ケイ酸を多く含んでいて硬いので、土壌の物理性改善に大きな効果があります。肥料成分は少ないので、堆肥の副資材として使います。

米ヌカは、チッソとリン酸を多く含み、肥料効果が高い資材です。分解しにくい「フィチン酸態リン酸」が多いので、リン酸の効果は徐々に現われます。そのまま肥料としても使えますが、微生物のエサになりやすいので、堆肥やボカシの副資材として利用するのがおすすめです。

家畜糞
――耕畜連携でぜひ活用したい

牛糞は肥料成分をバランスよく含み、C/N比（22ページ）も適当なので、堆肥の原料として適しています。できた堆肥はどのような作物でも安心して使えます。

豚糞にはチッソとリン酸が多く、肥料として使えます。C／N比がやや低いため、堆肥化するときはオガクズなどの炭素源を添加する必要があります。

ニワトリは糞と一緒に尿を排出し、チッソ分は尿酸です。鶏糞には肥料成分が多く含まれ、土壌中での分解が早いため有機肥料として適しています。同じ鶏糞でも採卵鶏とブロイラーとでは違いがあり、採卵鶏のほうが肥料成分に富み、とくに石灰を多く含みます。

馬糞は繊維質が多く、イナワラにチッソやリン酸を添加したようなもの。良質の堆肥原料になります。

収穫クズ
——貴重なカリ資材

野菜クズは肥料成分を多く含みますが、形状がさまざまで、また作物の種類によって成分が大きく異なるので、有効活用が進んでいません。葉菜類はチッソが多く肥料的効果が高く、果菜類の茎葉は繊維が多く土壌改良効果が高い特徴があります。代表的なものを左ページの表に示しましたが、リン酸は少ないもののカリが多く、有機質資材のなかでは貴重なカリ資材といえます。利用に当たっては、病原菌の伝播を防ぐため、なるべく病気のない残渣を使い、十分に腐熟させることが必要です。

木クズ・バーク
——堆肥の副資材に

オガクズなどの木クズやバーク（木の皮）は、大部分が繊維です。C／N比が100以上と極めて高いた

苦土	C/N比
0.1	70
0.0	100
	15
0.5	15
0.4	15
2.0	14
0.8	16
1.6	11
1.4	8
0.8	10
0.7	18
0.0	500
	150
0.3	50
0.3	15
0.1	30
	140
	55
	40
	12
	20
	15
0.2	25
0.3	12
0.3	15
0.2	12
0.2	15
0.2	15

いろいろな有機質資材の肥料成分量（概数値）

分類	資材名	現物（生）当たり（%）				乾物当たり（%）			
		含水率	チッソ	リン酸	カリ	チッソ	リン酸	カリ	石灰
農業系	イナワラ	10	0.5	0.2	1.8	0.5	0.2	2.0	0.5
	モミガラ	10	0.4	0.2	0.5	0.4	0.2	0.5	0.0
	米ヌカ	10	2.7	4.5	1.8	3.0	5.0	2.0	
	キャベツ外葉	80	0.7	0.2	1.0	3.5	1.2	5.0	1.9
	ダイコン葉	90	0.3	0.1	0.8	2.5	0.5	7.5	3.9
	カボチャ茎葉	60	1.0	0.3	1.8	2.5	0.8	4.5	9.0
畜産系	牛糞	80	0.4	0.4	0.4	2.2	2.0	2.0	1.7
	豚糞	70	1.0	1.7	0.5	3.5	5.5	1.5	4.1
	採卵鶏糞	60	2.4	2.0	1.2	6.0	5.0	3.0	11.0
	ブロイラー鶏糞	40	2.4	2.7	1.8	4.0	4.5	3.0	1.6
	馬糞	60	0.8	0.6	1.4	2.0	1.5	3.5	1.8
草木質	オガクズ	20	0.1	0.0	0.1	0.1	0.0	0.1	1.7
	バーク	50	0.2	0.1	0.2	0.3	0.2	0.3	
	街路樹せん定枝	60	0.4	0.1	0.2	1.0	0.2	0.4	1.5
	赤クローバ	80	0.8	0.1	0.6	4.0	0.3	3.0	1.7
	エンバク	80	0.3	0.1	0.4	1.5	0.5	2.0	0.3
	竹パウダー	40	0.3	0.1	1.2	0.5	0.2	2.0	
	竹チップ	60	0.3	0.0	0.1	0.8	0.1	0.2	
	エノキタケ廃菌床	60	0.6	1.4	0.4	1.5	3.5	1.0	
食品系	ビール粕	70	1.2	0.5	0.0	4.0	1.5	0.1	
	イモ焼酎粕	95	0.1	0.1	0.3	2.5	2.0	6.5	
	ムギ焼酎粕	95	0.2	0.1	0.1	4.0	1.5	1.0	
	コーヒー粕	70	0.8	0.1	0.1	2.5	0.2	0.4	0.1
	緑茶粕	70	1.4	0.2	0.2	4.5	0.8	0.8	0.8
	ウーロン茶粕	70	1.2	0.2	0.3	4.0	0.5	1.0	1.0
	おから	80	0.9	0.2	0.3	4.5	0.8	1.5	0.3
	家庭系生ゴミ	80	0.6	0.1	0.2	3.0	0.6	0.8	1.1
	事業系生ゴミ	70	0.9	0.2	0.3	3.0	0.7	1.0	0.3

※値はすべて成分例であり参考値。表中の色が敷いてあるところは成分が多め（2.0%以上）

め肥料としては使えず、堆肥の副資材として広く使われます。

せん定枝
——ねらいめは春せん定

せん定枝（せん定クズ）の肥料成分は樹種によって違い、また時期によっても異なります。一般に、広葉樹は針葉樹に比べ分解しやすく、肥料成分も多い。そして落葉後の冬せん定より、新葉が出たあとの春せん定のほうが分解しやすく、肥料成分が多い傾向にあります。

針葉樹は油脂やフェノール類が多く、堆肥化には時間がかかります。

雑草類
——イネ科と広葉雑草の混合で

耕作放棄地や河川敷に生える雑草も堆肥にできます。一般に、クローバなど葉の広い雑草は肥料成分が多く、ススキなど細長いものは肥料成分が少なく、繊維分が多い。両方を混ぜて堆肥化するとよいでしょう。堆肥にする雑草は、タネができる前に刈り取るのが基本です。

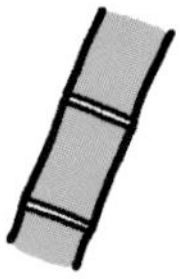

竹類
——土壌の物理性改善に最適

竹は硬く、分解しにくいのですが、竹チップより竹パウダーにすると分解が早くなります。乾燥した竹は生の状態より肥料成分が少なくなります。繊維構造がしっかりしているため、家畜糞堆肥に混ぜて副資材にすると、土壌の物理性改善効果がアップします。

廃菌床
——キノコ菌が分解ずみ

キノコ栽培は、環境制御された室内での菌床栽培が一般的です。その培地は、オガクズに米ヌカやフスマなどの栄養源を混ぜて加熱殺菌したもので、栄養分が豊富なうえにキノコ菌がリグニン質（繊維質）を分解しているので、堆肥原料としてとても適しています。キノコの種類によって培地が違い、肥料成分も異なります。

ビール粕 ——水分調整用の副資材

ビールの製造過程ではさまざまな廃棄物が出ますが、一般にビール粕とは麦芽搾汁粕を指します。搾汁粕のためカリが少ないのですが、乾燥したビール粕は吸水力に優れています。単独でも堆肥化できますが、乾燥物は水分調整用の副資材としても使われます。

焼酎粕 ——米やムギはチッソ、イモはカリ

蒸留過程で生じる残渣です。原料は米やムギ、イモ、黒糖などさまざま。原料によって成分は異なり、米やムギはチッソが多く、イモはカリが多いという特徴があります。いずれも酸性（pH4程度）の混濁液（含水率95%程度）ですが、濃縮して使うことが多いようです。

コーヒー粕 ——有機物マルチで抑草効果あり

焙煎・粉砕したコーヒー豆を熱水抽出した残渣です。pHは弱酸性。乾物当たり約2%のチッソを含んでいますが、微生物に分解されにくい構造になっていて、肥料としてはほとんど役立ちません。顆粒状で、微細な穴（孔隙）があいているので、堆肥の副資材としていい働きをします。また、植物の発芽抑制物質を含むため、有機物マルチとして利用すると抑草効果があります。

茶粕
——堆肥の悪臭を抑える

茶粕は、pHが5程度の弱酸性で、タンニンやカテキンなどを含むため弱い抗菌作用があります。堆肥原料として使えますが、肥料成分はあまり多くないので、家畜糞など養分が多い資材と混ぜる必要があります。タンニンなどの働きで、堆肥化の過程で発生する悪臭の抑制に役立つといわれています。

おから
——オガクズなどを混ぜて

チッソを多く含み、C／N比が低いため、土壌中では分解が早く、そのまま使えば油粕に近い肥料効果があります。いっぽうで水分が多いので、堆肥化するには水分調節剤としてオガクズなどを混ぜる必要があります。オガクズとコーヒー粕を混ぜるといい堆肥ができますよ。

生ゴミ
——塩分や油脂害の心配無用

家庭から排出される一般ゴミと、事業所から排出される廃棄物があります。家庭の生ゴミは野菜や果物の皮やクズが大部分で、動物質のクズはわずかです。食堂や食品産業から排出される事業所ゴミの肥料成分は、業種により異なりますが、成分が安定しています。

生ゴミは塩分や油脂の害が心配されることもありますが、十分に水切りすれば塩分の問題はなくなり、魚類や肉類など油脂を多く含む調理クズも、堆肥化すれば分解してしまいます。

（談）

カヤを米ヌカといっしょに何十年と入れ続けているトマトのハウス
（赤松富仁撮影）

いいところ

有機物の土つくり効果の話

さあ、ここからは藤原俊六郎さんのいう有機物の土つくり効果のほうを見ていこう。微生物の働きで団粒構造が発達した土は、物理性がよくなるぞ。水はけも水もちもよくなり大雨や干ばつに強いだけでなく、肥料の効きもよくなるんじゃ。

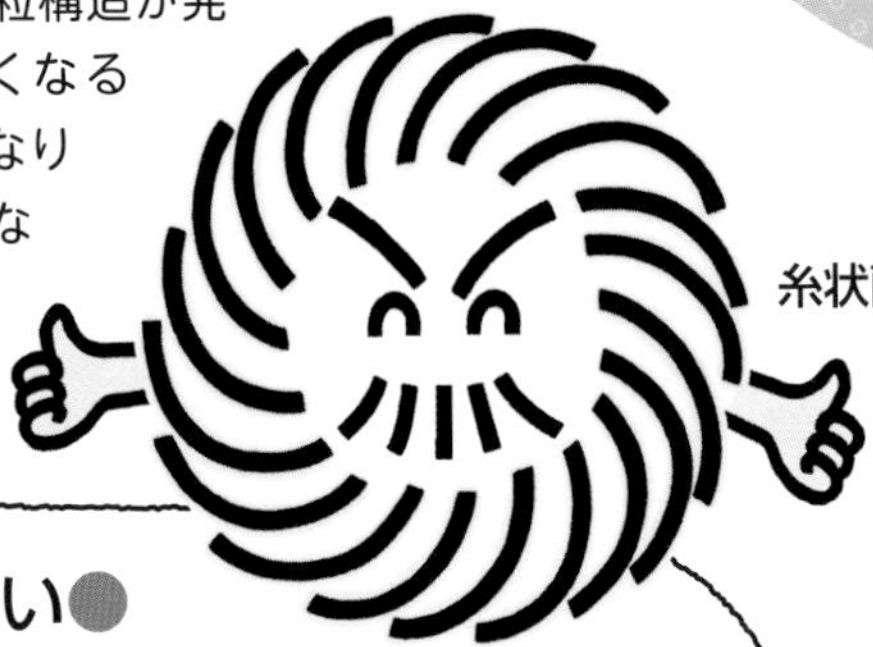

図解 有機物と菌力《きんりょく》で団粒構造ができるしくみ

まとめ編集部

参考：『土壌団粒』（青山正和著、農文協刊）

●水はけがいい●

大きな団粒（マクロ団粒）どうしの間には大きな隙間があり、大雨が降ってもそこから水が速やかに流れる（重力水として24時間以内に下方へ流れ去る）。流れたあとは酸素が入るので、根の呼吸に必要な通気性も確保される

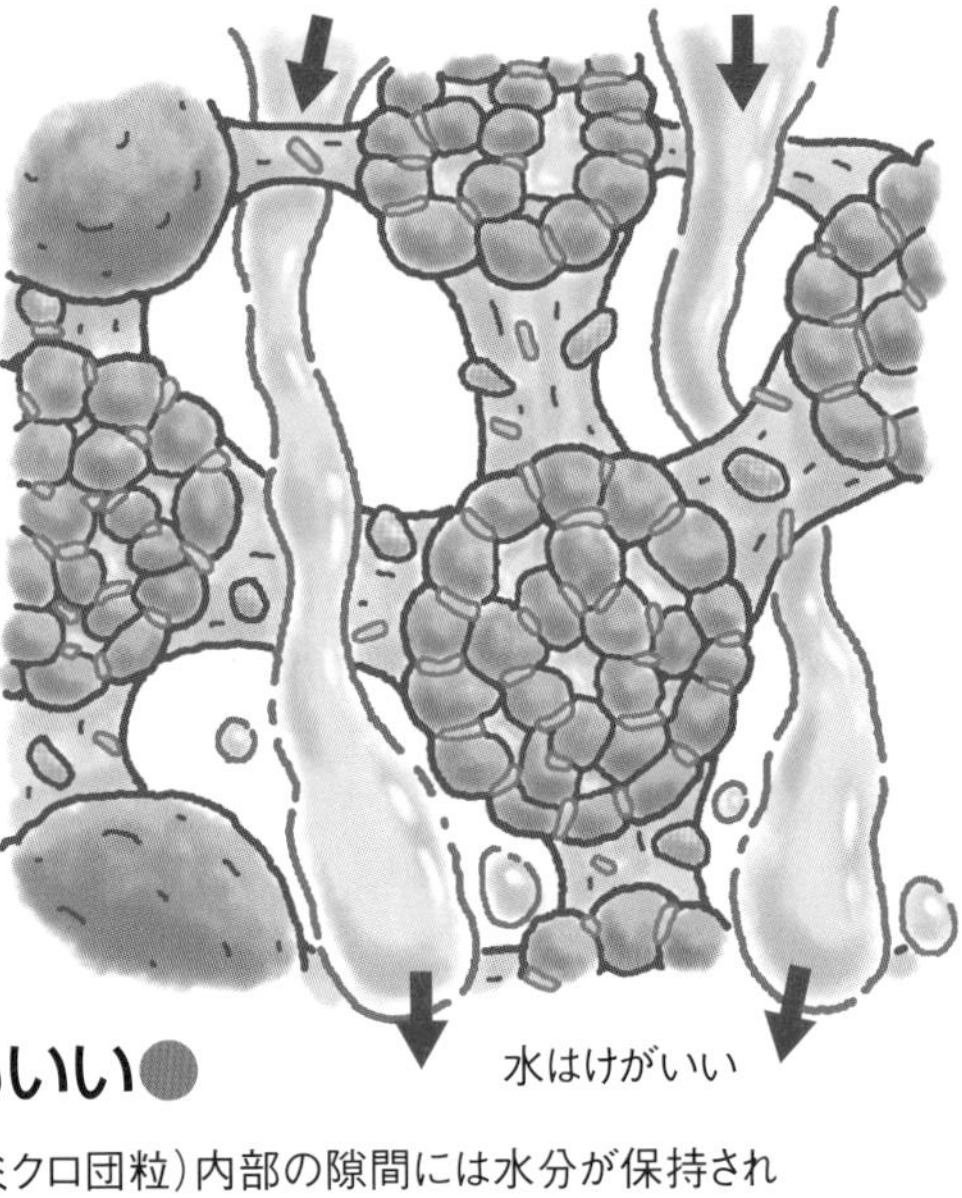

●水もちもいい●

小さな団粒（ミクロ団粒）内部の隙間には水分が保持される。この水は乾燥してもすぐに抜けない。無数の貯水タンクになる。植物は毛細根を伸ばして吸収することができる

団粒構造ができた土の

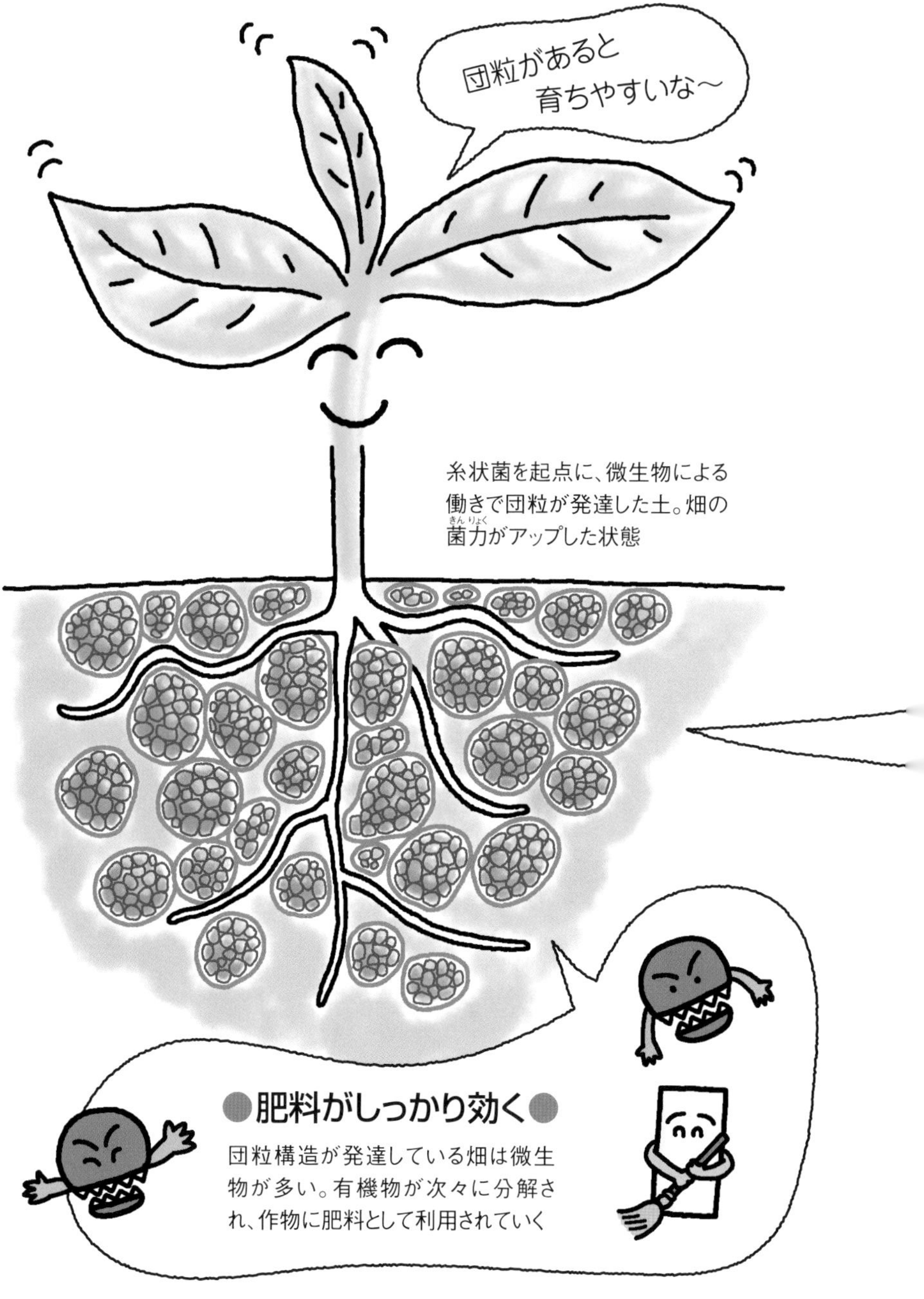
団粒があると
育ちやすいな〜
糸状菌を起点に、微生物による働きで団粒が発達した土。畑の菌《きん》力《りょく》がアップした状態
●肥料がしっかり効く●
団粒構造が発達している畑は微生物が多い。有機物が次々に分解され、作物に肥料として利用されていく

ミクロ団粒とマクロ団粒の二層構造

●細菌がつくるミクロ団粒

ミクロ団粒というのは、土壌を構成する大本の物質である粘土やシルトといった土壌粒子、腐植、植物破片、陽イオンなどが結びついてできたものじゃ。細菌が出す粘物質（多糖類・タンパク質・ペプチド）によってできる。この団粒は比較的安定していて、耕耘や降雨では崩れんぞ

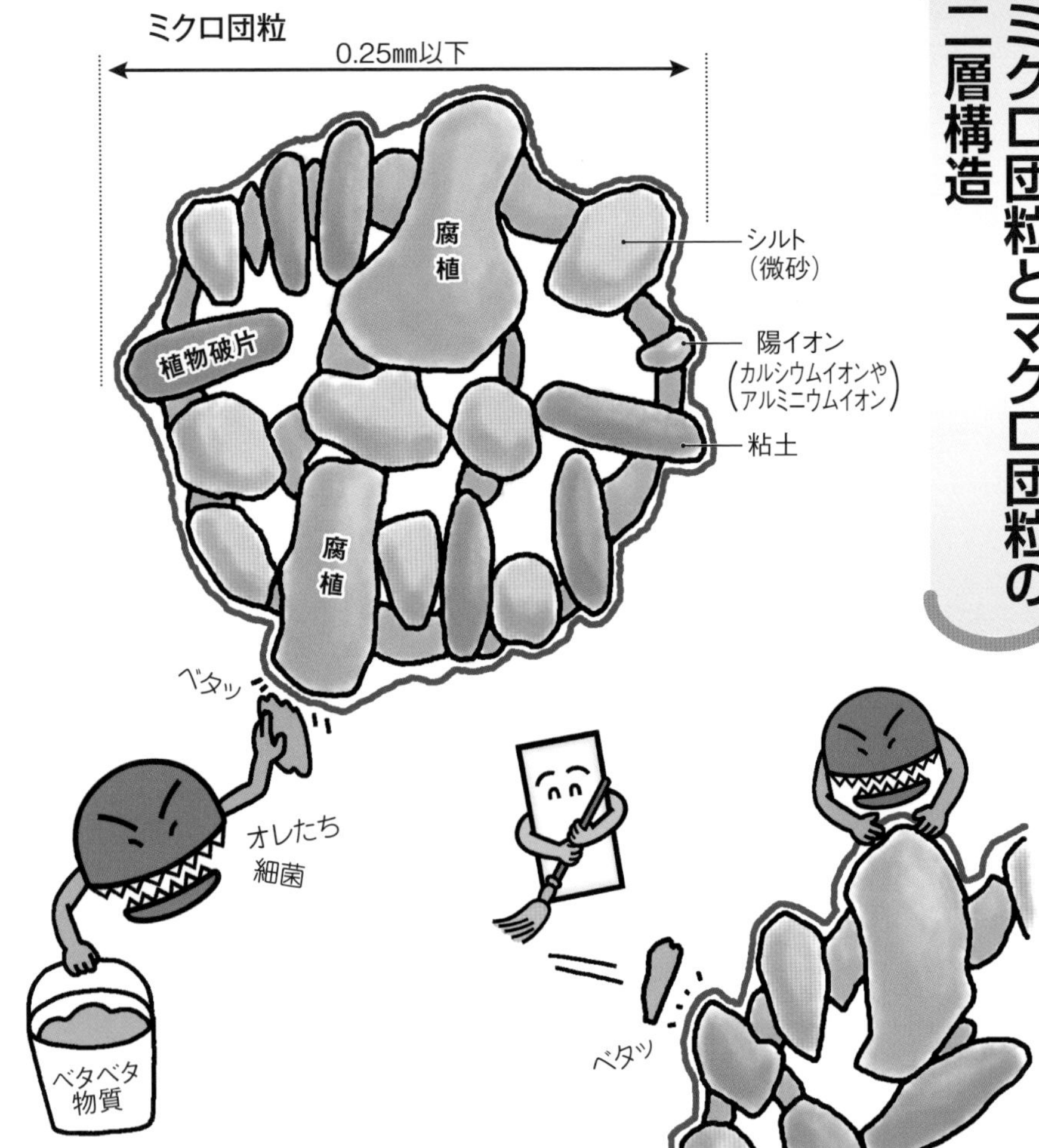

●糸状菌がつくるマクロ団粒

マクロ団粒は、ミクロ団粒が集まってできたものじゃ。大きいものは数㎜（0.25㎜以上）ある。ワシ（糸状菌）や菌根菌の菌糸と植物の根が出す粘物質によってつくられる。ミクロ団粒に比べると壊れやすいが、有機物を入れるとすぐに再形成されるぞ

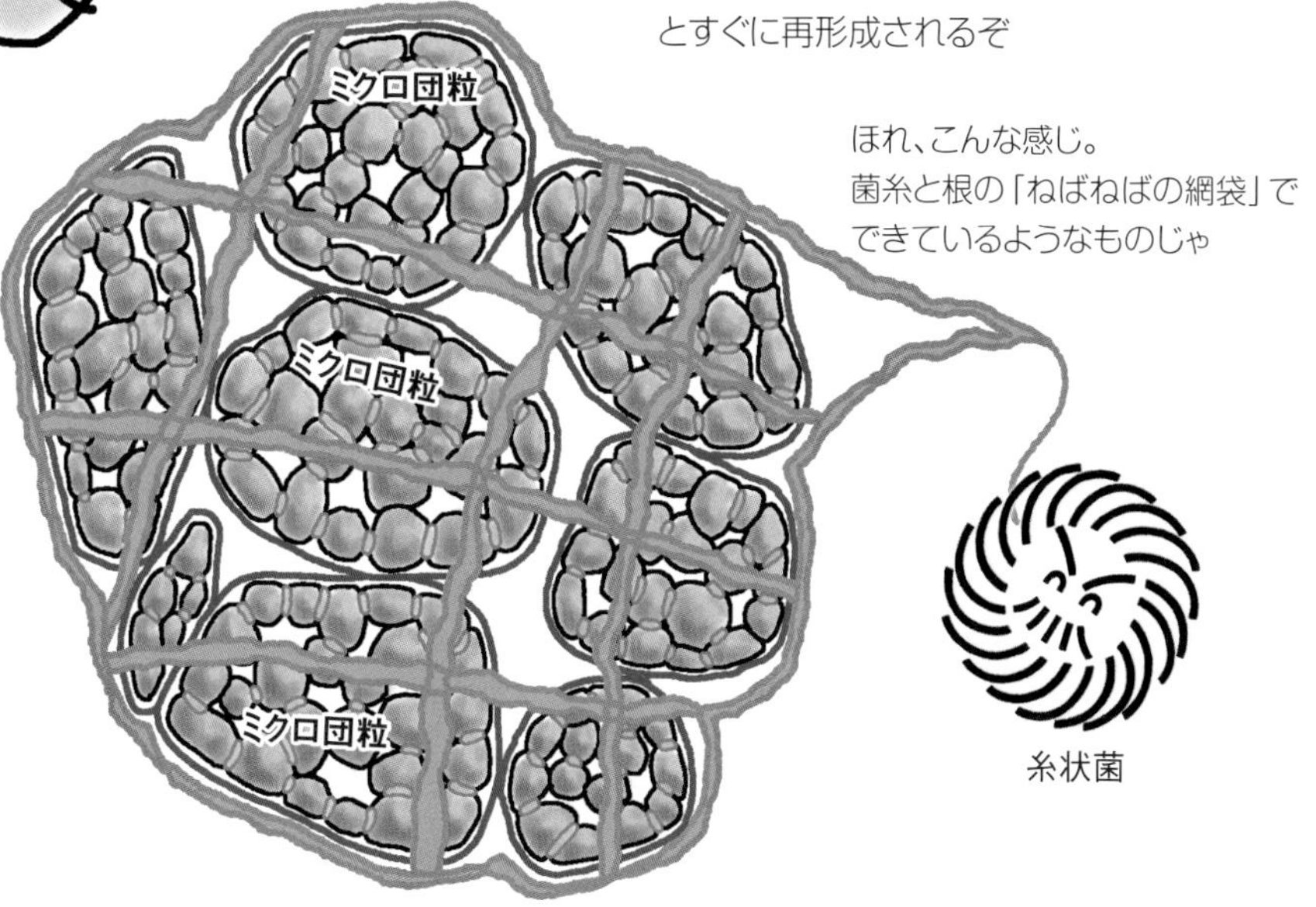

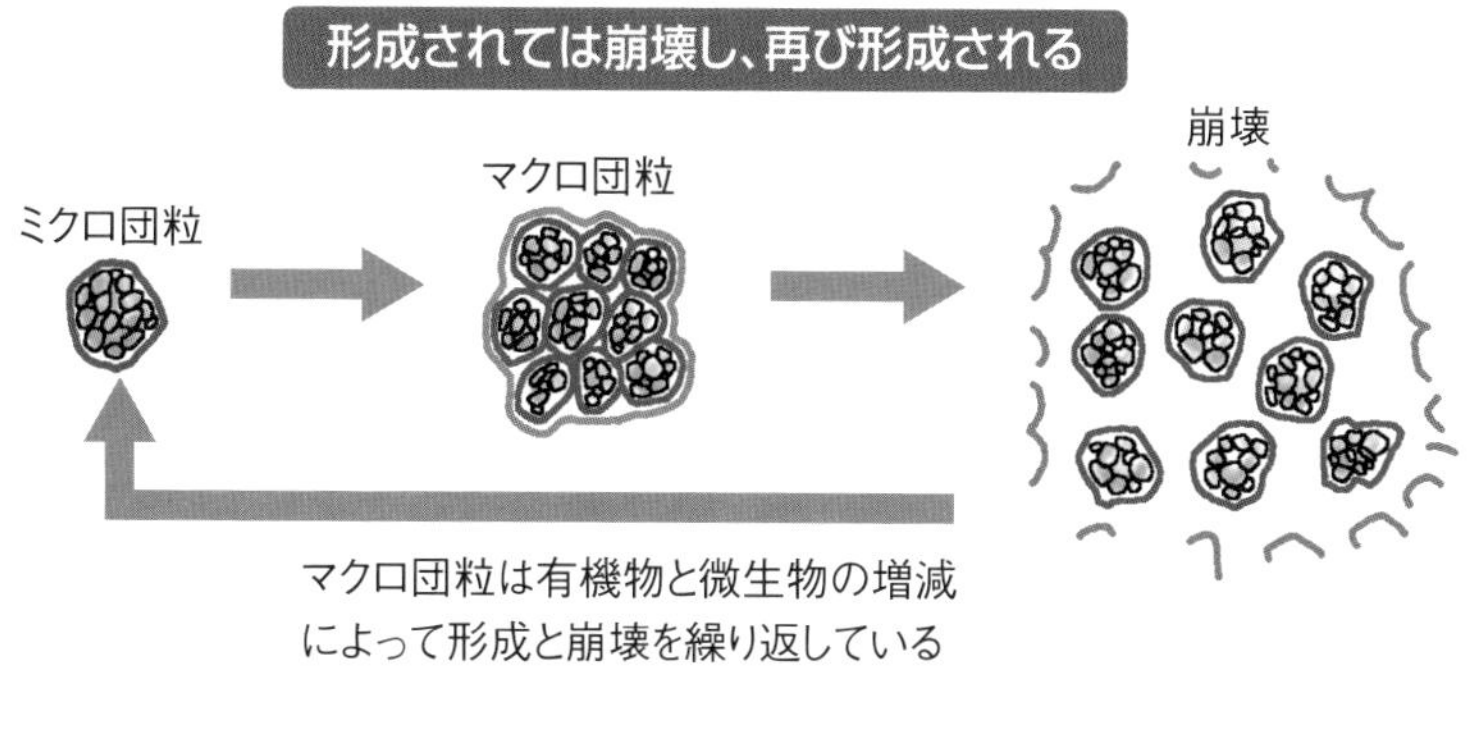

マクロ団粒は有機物と微生物の増減によって形成と崩壊を繰り返している

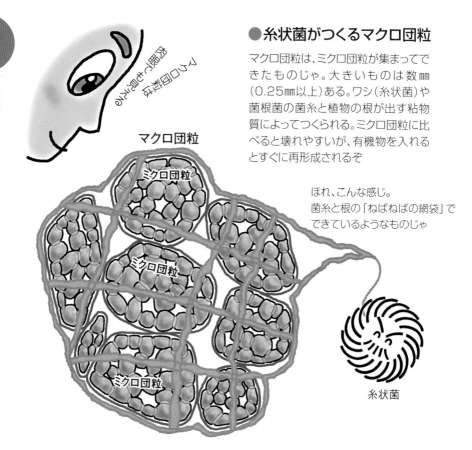

カタイ有機物を入れると マクロ団粒が長持ち

●糸状菌がいないとマクロ団粒は崩壊する

マクロ団粒は、おもにワシら糸状菌によって形成されるが、エサがなくなってワシらが死んでしまうと、粘物質がなくなり崩壊してしまうんじゃな。糸状菌が長生きすれば、マクロ団粒も長持ちするぞ

有機物の違いによる微生物総量の変化

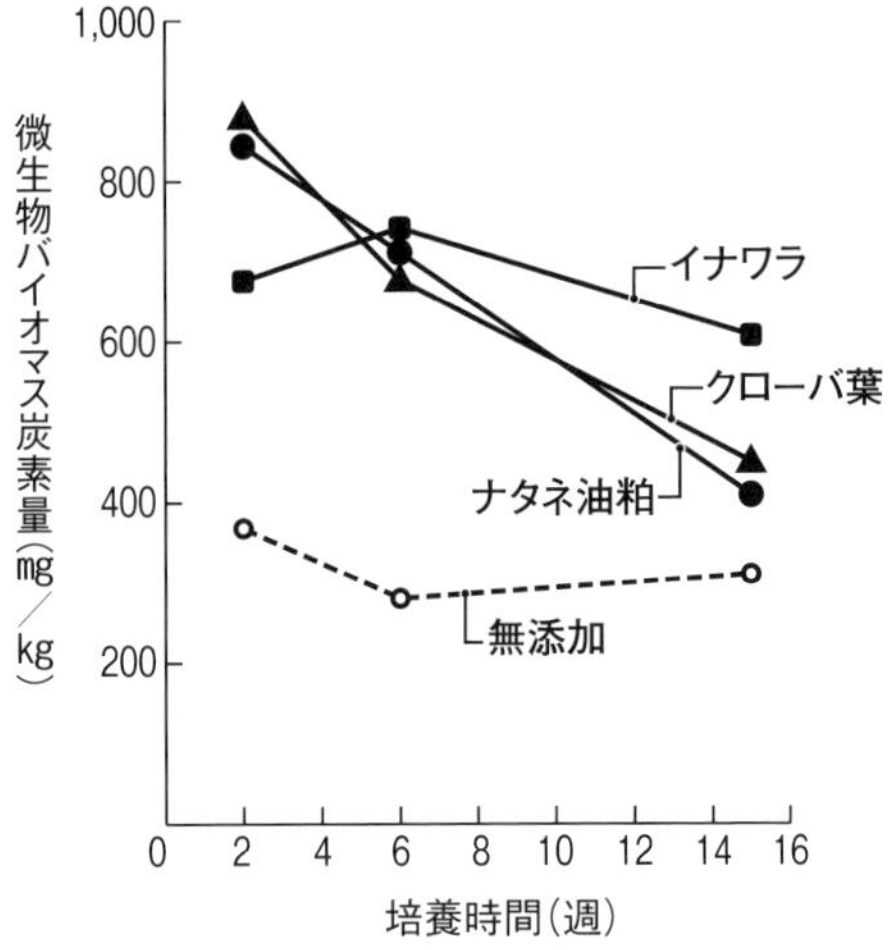

C/N比の低いナタネ油粕やクローバの葉を土壌に入れると、微生物(糸状菌を含む)は急速に殖えるが、その後の減り方も早い。いっぽう、C/N比の高いイナワラは一度殖えた微生物があまり減らない。つまり、C/N比が高い有機物を入れると、微生物が長生きし、マクロ団粒も長持ちする

※『土壌団粒』から「ナタネ油粕、クローバ葉、イナワラの分解に伴う微生物バイオマス炭素量の変化」を一部編集

●有機物の種類とマクロ団粒のでき方

団粒は長持ちするが…

ゆっくり分解されるので増殖した微生物があまり減らず、マクロ団粒は長持ちする。ただし、難分解性のリグニンやセルロースを多く含むモミガラやせん定枝は、それだけだと微生物が殖えにくい。ある程度微生物が殖えないと団粒もできないので、最初は米ヌカなどを加えて使うのがよさそうだ

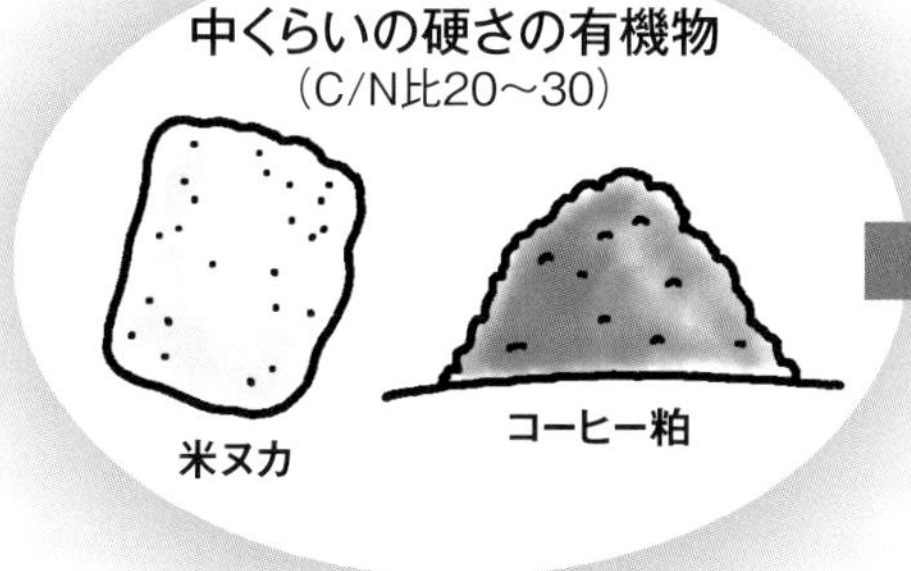

団粒がたくさんできるが…

微生物が一気に殖えるのでマクロ団粒もたくさんできる。しかし、カタイ有機物に比べて分解が早く、微生物の減り方も早いので、その分団粒は長持ちしない

団粒はあまりできない

微生物が一時的に殖えるが、早々に分解しつくされる。炭素が足りないために微生物は減り、チッソが無機化してしまう。これだけだとマクロ団粒はあまり形成されない

各有機物のC/N比は概数値で素材によって前後する

団粒のおかげで多様な菌が共存できる

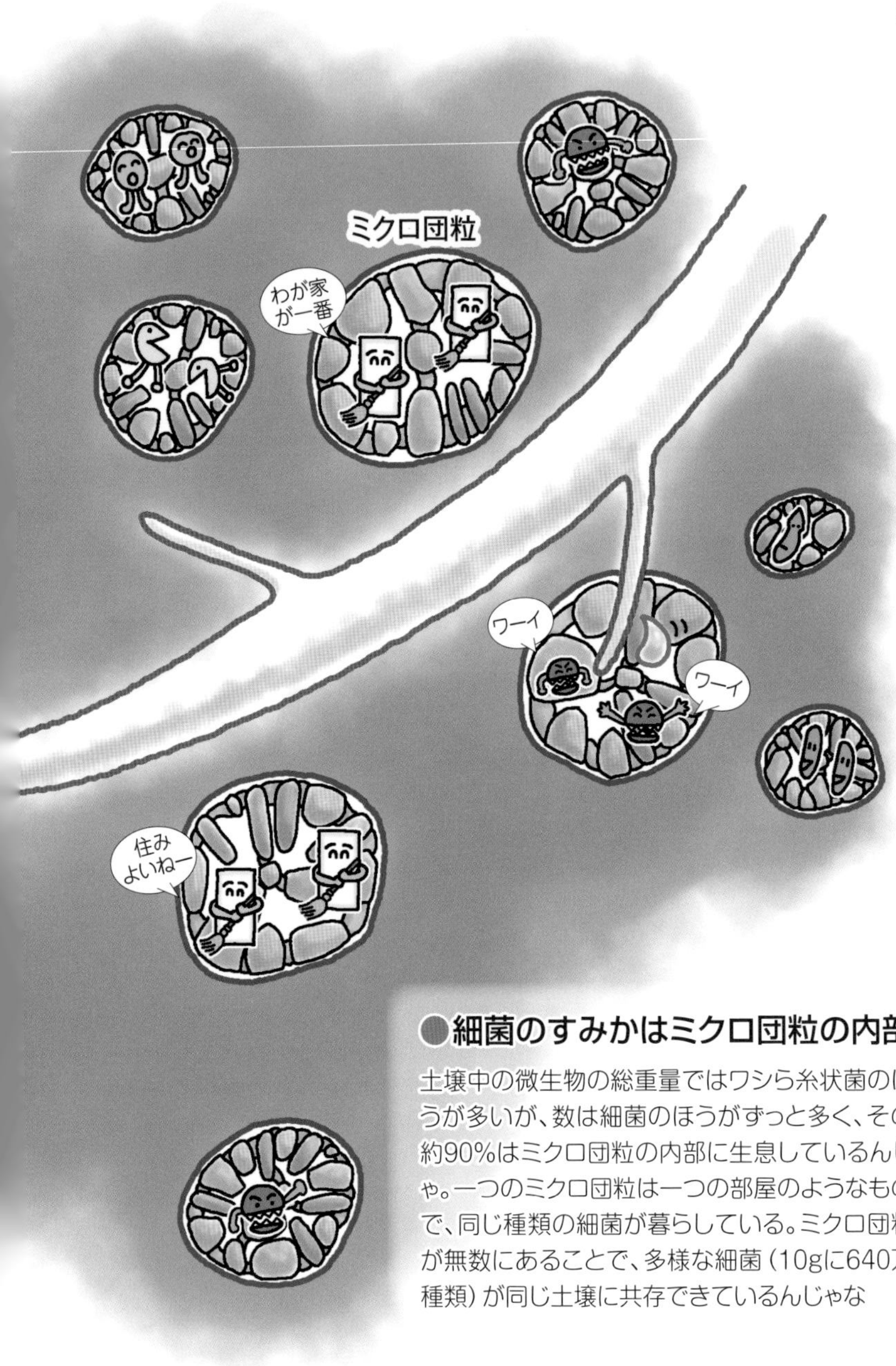
ミクロ団粒
わが家が一番
ワーイ
ワーイ
住みよいねー

●細菌のすみかはミクロ団粒の内部

土壌中の微生物の総重量ではワシら糸状菌のほうが多いが、数は細菌のほうがずっと多く、その約90%はミクロ団粒の内部に生息しているんじゃ。一つのミクロ団粒は一つの部屋のようなもので、同じ種類の細菌が暮らしている。ミクロ団粒が無数にあることで、多様な細菌（10gに640万種類）が同じ土壌に共存できているんじゃな

●糸状菌のすみかはマクロ団粒の隙間

ワシら糸状菌は、複数のミクロ団粒を集めてマクロ団粒をつくり、マクロ団粒とマクロ団粒の間に暮らしておるぞ。体は細菌より数十倍から数百倍大きい

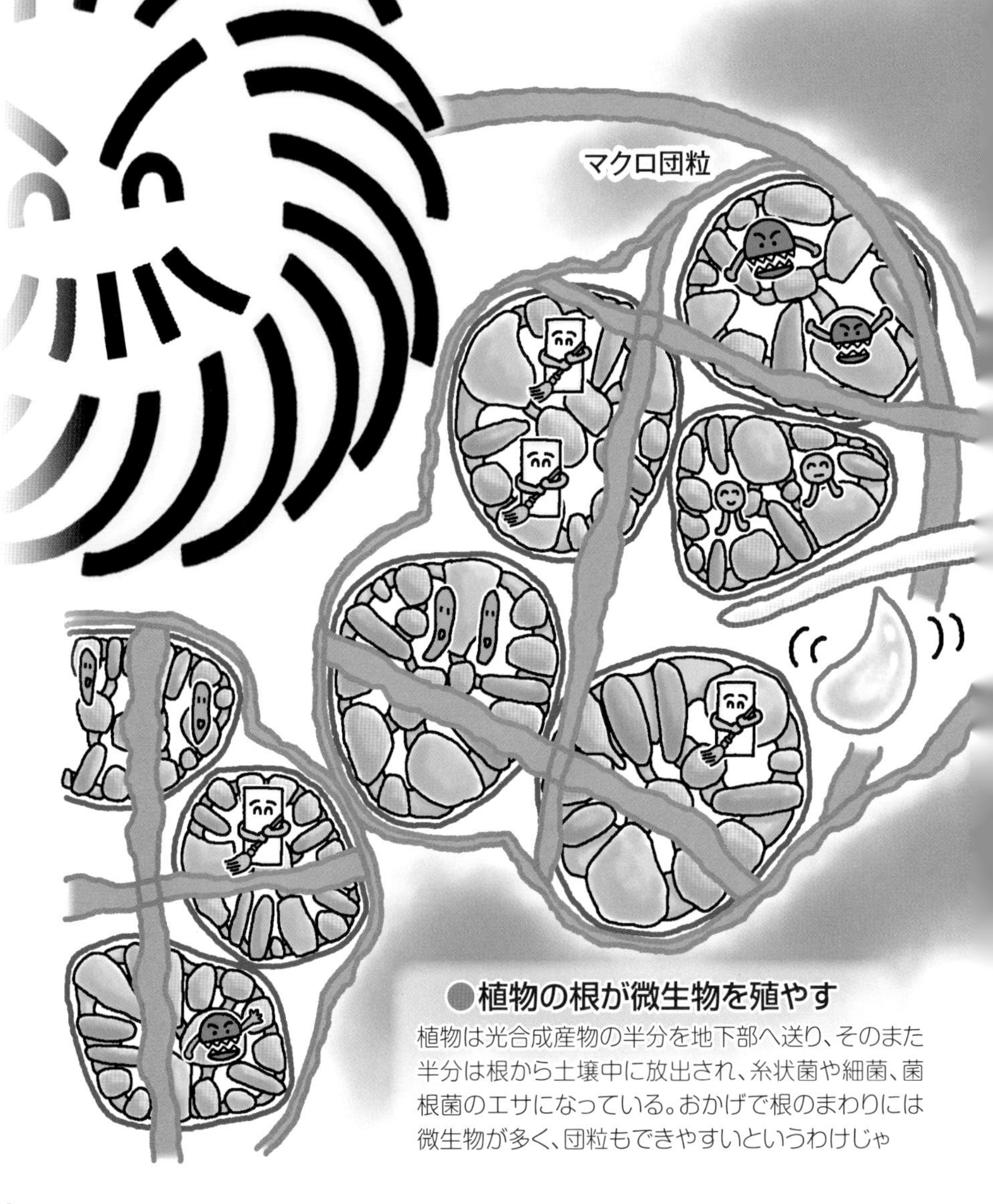

●植物の根が微生物を殖やす

植物は光合成産物の半分を地下部へ送り、そのまた半分は根から土壌中に放出され、糸状菌や細菌、菌根菌のエサになっている。おかげで根のまわりには微生物が多く、団粒もできやすいというわけじゃ

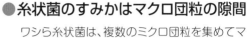

土着菌とは

竹やぶの土着菌（田中康弘撮影）

世の中は菌であふれている。身のまわりの自然――山林や竹林、田んぼなどから菌はいくらでも採取できる。たとえば林の落ち葉やササをどかすと真っ白な菌糸のかたまり（これを「ハンペン」と呼ぶ）が採取できるので、これをボカシ肥などのタネ菌として利用する。かつて、さまざまな市販微生物資材が一世を風靡した時代があったが、最近では、その土地に昔からあり、その地域環境に強く、しかも特定なものでなく多様な土着菌（土着微生物）こそが大切であるという考え方が広がっている。

土着菌は、採取する場所によって、あるいは季節によって性格が少しずつ違い、その活用には観察眼と技術がいるが、それがまた土着菌のおもしろさでもある。その土地に合っているせいか、市販の微生物資材にはないパワーを発揮することもよくあるし、もちろんおカネがかからないのもいいところだ。

採り方は、山の落ち葉の下に菌糸が見つかればそれを集めればいいが、見つからないときは腐葉土の中へ硬めのご飯を入れたスギの弁当箱を置く。5、6日後にはご飯に真っ白のこうじ菌、もしくは赤や青などの色とりどりの菌（ケカビの仲間）が生えるので、それを採取する。秋、イネを刈り取ったあとの稲株の上に、やはり硬めのご飯をつめたスギの弁当箱を伏せて置いてもよい。

採取した土着菌に黒砂糖や自然塩・にがりなど海のミネラルを加えてパワーアップさせたり、家畜の発酵飼料に使って糞尿のニオイをなくしたり糞出しを減らしたり、農家の土着菌利用はますます深みと広がりをみせている。

地球上で自分の土地にしかいない菌をわが手で採取・培養・活用できるのが、土着菌の醍醐味である。

（『農家の技術・地域の仕事まるわかり事典―「現代農業」「季刊地域」の用語集』より）

第2章

もっと教えて 薄上秀男さん

発酵とは

有機物を使って農業する時代の微生物基礎講座。民間の発酵研究所を立ち上げて、微生物とアミノ酸・ビタミンなどの成分をより豊富に含むボカシ肥を「発酵肥料」と名づけていた福島県の薄上秀男さんに、発酵ではどういう菌が働いているのか、教えていただいた。

薄上秀男さん（倉持正実撮影）
（薄上発酵研究所）

Q 発酵ってなに？

豆子　最近、発酵発酵って世の中うるさいのよねー。なんか微生物が働いてるんだろうなとは思うけど、本当のところは難しくてよくわかんないわ。
　薄上さん、今日はあんまり難しい話はしないで、私にもわかるように教えてくださいね。

薄上　ハイ、わかりました。今日はよろしくお願いします。
　確かに最近は、米ヌカを田畑に使ったり、ボカシ肥をつくる人もあたりまえになってきましたねー。この機会に、きちんと菌の働きも知っておきましょう。
　ところで、「発酵ってなに？」と聞かれて、私が最初に思い浮かべたのは発酵食品ですね。どぶろく、醤油、納豆、漬物、塩辛、ビール、ヨーグルト、チーズ……。もちろん味噌だって発酵食品です。

豆子　えっ味噌⁉　味噌つくりだったら私に任せてよ。私の味噌はおいしいのよー。もう近所でも評判なんだから。一度食べたらね、「もう豆子さんの味噌でないと、食が進まないの」とかいわれちゃってー。エヘへ。口コミでぜんぜん知らない人からも注文が入るのよ。直売所だって、私の味噌が一番人気なのよ。この前だってもう……。

薄上　ハイハイわかりました。今度ごちそうになりますから、その話はその辺で……。ところで豆子さん、そんなにおいしい味噌も、もとはといえばご飯と煮た大豆ですね。できた味噌とは一見、似ても似つかない素材じゃないですか？

ご飯と煮豆と塩を混ぜたものの味を想像してくださ い。とても、味噌のような豊かな味わいと芳醇な香りがするとは思えないでしょ。だけどこれを、じっくり熟成させると、不思議とあんなにおいしい味噌になるのです。これが「発酵」です。そして、それをやっているのが微生物たちなのです。

次ページの図をじっくりご覧ください。

ご飯と大豆は、そのままでもおいしいし、体にもいいんだけど、味噌にして食べるともっとおいしいし、もっと体にいいのです。これは微生物が、もとのご飯と大豆にはなかったビタミンとか、うま味成分とか、香りとか、体にいい物質をつくりだしてくれたからです。腐敗菌が入る前に発酵菌が食べてしまった形になるので、日持ちもよくなります。これが「発酵」の力でしょうね。

豆子　ふーん。私の味噌がおいしいのはわかってたけど、なんでおいしくなるのかなんて、考えたこともなかったわ。……もしかして、私が味噌つくりがうまいんじゃなくて、うちの味噌蔵の微生物がエライだけなのかしら……。なんだか、自信喪失だわ。

薄上　いやいや味噌つくりがうまいってことは、菌との付き合い方がうまいってことだから、きっと豆子さんは、ボカシつくりも米ヌカ利用も上手でしょう。

豆子　うん。この前、竹林から土着菌のハンペン（9、40ページ）をとってきて、米ヌカと混ぜて水かけてみたら、なんかいい具合だったわ。あれも発酵？

薄上　そうですね。微生物が喜んだんだから、それも発酵の一部ですね。

そして本当によく発酵したボカシ肥（私の場合は普段、「発酵肥料」と呼んでいますが）の場合、味噌と同じような現象が中で起こっています。味噌が、もとの素材よりうんと中身が高級になったように、ボカシ肥や発酵肥料も、劇的な効果のあるものになります。1

味噌はどうしておいしいの？

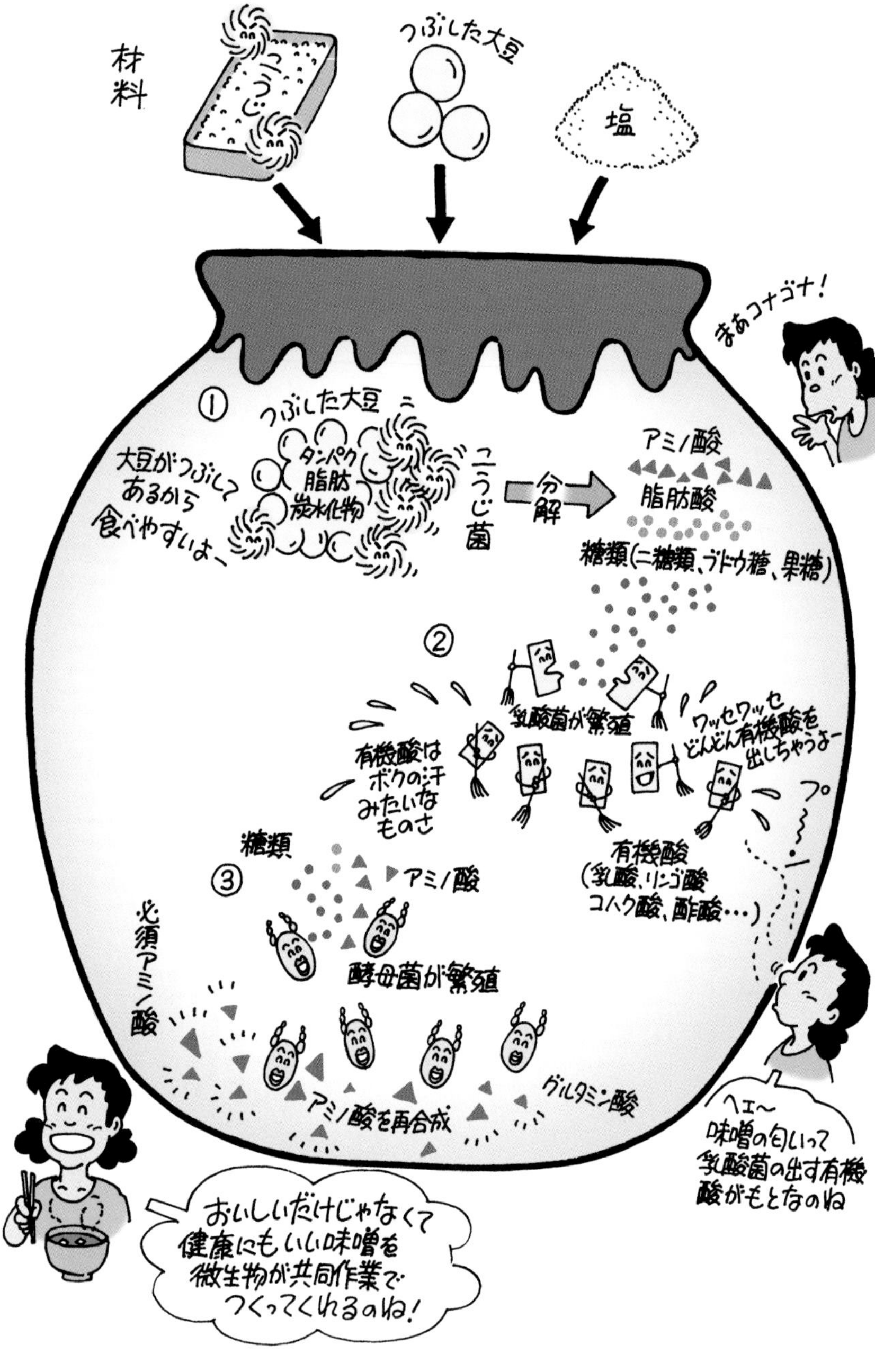

フワフワのこうじ菌（倉持正実撮影）

株にひとつまみくらい、ほんのちょっと施しただけで、びっくりするくらい味も日持ちも収量もよくて、病気も生理障害も何もない作物ができるのです。ほんとですよ。

味噌の場合は、右の図のように、おもにこうじ菌・乳酸菌・酵母菌の共同作業でできますが、発酵肥料の場合はこれに、納豆菌という分解力の強い菌が加わります。本当は味噌でも納豆菌に働いてもらってつくると、さらに数段栄養価が高まります。

それでは次のページで、発酵肥料の発酵に大事な四つの菌の働きを図で説明しますので、よく見てください。

おもに働く菌たちは？

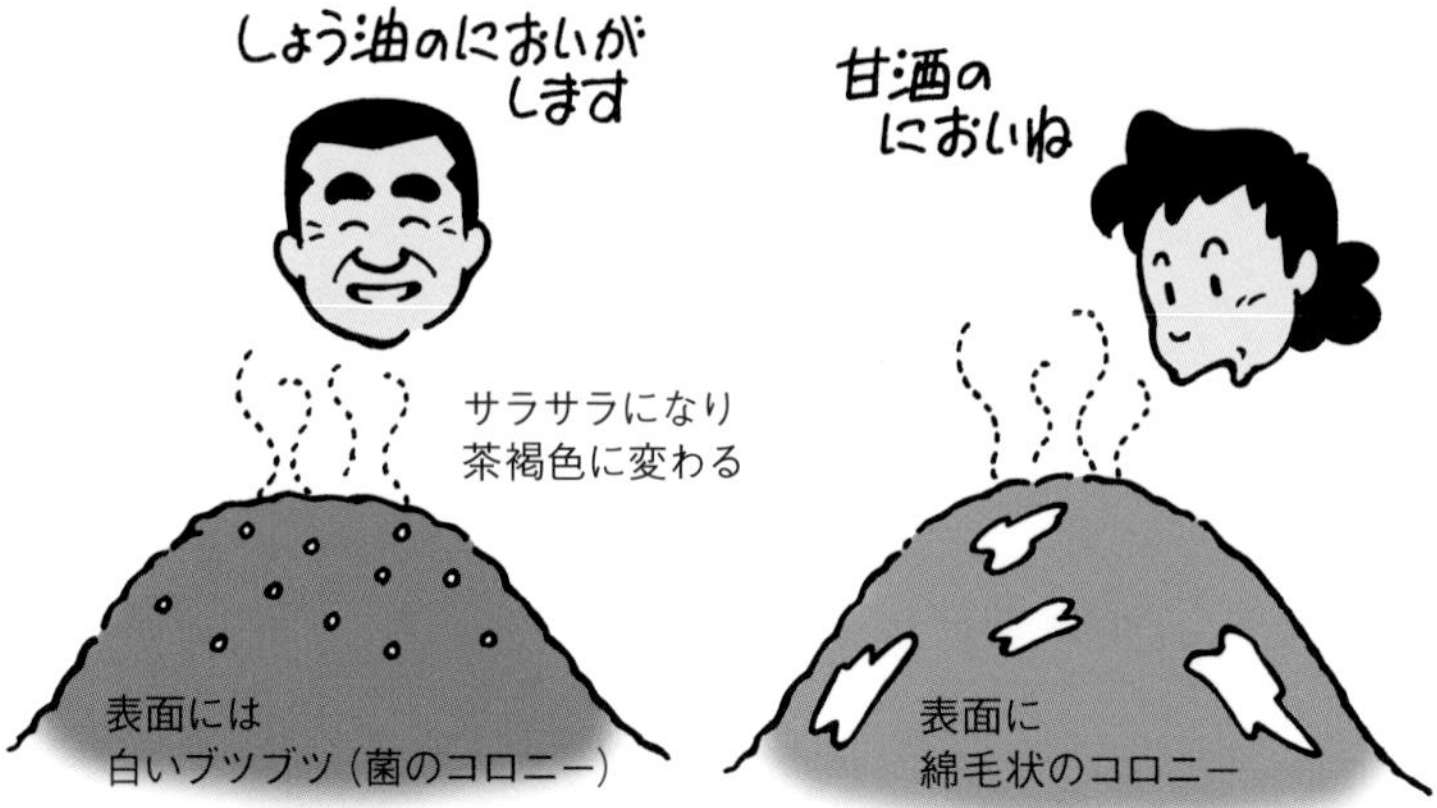
甘酒の
においね
表面に
綿毛状のコロニー
しょう油のにおいがします
サラサラになり
茶褐色に変わる
表面には
白いブツブツ（菌のコロニー）

発酵第1段階
糖化作用
（中温　微酸性）

発酵第2段階
タンパク質・
アミノ酸分解作用
（高温　アルカリ性）

①発酵のスターター
こうじ菌

おもな仕事は、あとの連中のための糖つくり。分解も少しはするけど、本格分解は次の納豆菌にお任せさ

②分解屋の納豆菌

難しいものはオレが分解。こうじ菌のつくった糖を食べて活動開始。タンパク質をアミノ酸に分解するのが得意だけど、たまにやりすぎちゃうので注意

ふーん

お酒のにおいに
変わったわ

表面はパンのような
スポンジのような
ゴワゴワした感じ

できてきたコロコロした
かたまりを割って中まで
真っ白になっていれば完成！

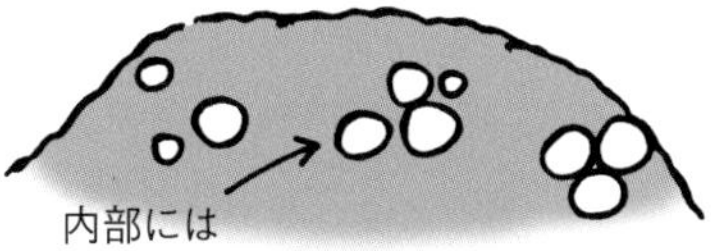

内部には
ゴルフボール大のかたまり

発酵第3段階
アミノ酸合成作用
（低温　酸性）

③掃除屋の乳酸菌

ハイハーイ。私がpHを下げて納豆菌の暴走を止め、次の酵母菌が気持ちよく入ってこられるよう掃除しまーす

④合成屋の酵母菌

植物にも人間にもいいアミノ酸やビタミン、ホルモン、核酸なんかもたっぷりの極上肥料に仕上げるわ

だいたい
発酵の進み方は
わかったかな？
次のページからは
それぞれの菌に
自己紹介をして
もらいますよ

乳酸菌は
米のとぎ汁や豆乳から、
酵母菌はブドウ糖などから
採取して第３段階に
投入すると確実です

こうじ菌ってなに？

こうじ菌

■ニックネーム　スターター
■糸状菌（カビ）の仲間
■好きなpH　微酸性
■好きな季節　冬
■好きな場所　涼しい林の落ち葉の下

ハイ、僕は糸状菌（カビ）の仲間です。ほら、よく何にでもカビがつくと、菌糸がフワフワの毛みたいになるでしょ。ああいうのはみんな僕の仲間なんだなー。

発酵のときは、たいてい僕が最初に働くんだよ。だから「発酵のスターター」なんて呼ばれてる。かっこいいだろ。味噌つくりだって、ボカシや発酵肥料つくりだって、土ごと発酵だって、僕がいなきゃ始まらないってことだよ。エヘン。

味噌のところの図に出てきたように、僕だって微酸性の分解酵素を出して、タンパクとか脂肪とかを分解することもできるんだけど、本当は難しい分解はあまり得意じゃない。セルロースとかの硬いものとか、有機物の細胞の中まではなかなか食い込めないんだ。味噌だって本当は大豆の皮が硬くてイヤなんだけど、人間が前もってつぶしといてくれるから、何とか頑張ってマメにも食いついてるんだ。

それより僕の特技はね、炭水化物――つまりデンプンだな。これを分解して、ブドウ糖とか果糖とかの単糖類にすることなんだ。微生物はね、全員甘いものが好き。僕だって好きだけど、ほかの奴らだってみんな好きで、まず糖をなめなければ、何も活動を始められないんだ。

だけど、糖がいくつも集まってできてる炭水化物のままじゃ、大きすぎてほかの奴らはすぐ食べられないだろ。みんなもそれぞれほかの仕事があるからね。僕が最初に、小さい食べやすい糖をたーくさんつくっといてやるのさ。そしたら、ほかの奴らは出てきたらすぐに糖を食べて元気をつけて、自分の仕事に専念できるだろ。だから、ボカシつくりなんかで僕が働いてる間は、あまーい甘酒の香りがするよ。

温度はあまり高いのは好きじゃない。25～30℃くらいの温度で活発になるから、菌の中では低温～中温菌ってことになるのかな？　だから、季節でいうと、冬が好き。ほら、酒仕込むのも、味噌つくるのも、冬でしょ？　ボカシつくるんだって冬がいいっていわれてるのは、スターターの僕が元気に働けるようにってことなんだよ。

でも発酵肥料つくってる途中で、45℃とか50℃とかになると、僕は死んじゃうよ。死んじゃうけど、僕の出した酵素だけは働き続けて糖化作用はどんどん続く。温度も60℃くらいまでは上がっていくみたいだねー。そうすると、高温好きの納豆菌の野郎が、次に喜んで出てくるんだよね。えっ⁉　僕？　僕は全滅するわけじゃなくて、高温の間は温度の上がってない表面とか、空気中とかに避難しとくことにしてる。胞子を飛ばせばいくらでも動けるからね。

水分が多すぎるのもあまり好きじゃない。50％以下がいいね。「ボカシ肥の水分を50％くらいに」っていってるのも、僕のために環境を整えてくれてるんだね。

好きなpHは微酸性。自然界では、涼しい山林とかによくいるよ。冬から春、落ち葉の下から土着菌のハンペンとってきたら、そこにはたいてい僕がいるよ。春先のヨモギにも、たくさんついてるよ。

Q 納豆菌ってなに？

納豆菌

- ニックネーム　分解屋
- 細菌の仲間
- 好きな pH　アルカリ性
- 好きな季節　夏
- 好きな場所　水田（水分 100％が好き）

オレは、細菌だからな。糸状菌（カビ）とは違って、フワフワ菌糸なんか出したりしねえよ。まあわかりにくいが、集まると白いコロニー（かたまり）みたいに見えるぞ。

名前のとおり、納豆つくるときに働く菌だ。ネバネバの分解酵素を出してな、大豆のタンパクをアミノ酸に変えるんだ。納豆うまいだろ？　みんながうまい納豆食えるのは、オレ様のおかげなのよ。

アルカリ性が大好きで、自分でもアルカリの分解酵素を出しながら、どんどん殖えていくのさ。ニックネームは分解屋。なんてったって、特技は分解。こうじ菌のやわな分解力とはケタが違うんだよ。タンパク・脂肪・炭水化物、何でも来い！だ。とくにセルロースみたいな硬いヤツ。ああいうのを分解できるのはオレとか、左ページで紹介する仲間の枯草菌とかなんだよな。発酵肥料つくるときだって、有機物の細胞まで破砕できるのは、分解屋の異名をとるオレらしかいないんだぞ。オレらがしっかり細かく分解しておけばおくほど、それを最後に酵母菌が合成したときに効果のある発酵肥料になる。

オレはなー、暑いのが大好きなんだ。今年の夏は暑かったから、よく働いたぜ。水も大好きだから、夏の田んぼなんかにはスイスイ泳いでるぜ（だけど酸素も大好きだぜ）。イナワラの上でよく休んだりしてるもんで、昔の人はイナワラで納豆つくったんだな。

　暑いと燃えるタイプだから、発酵肥料つくるときは70℃くらいまで上げてくれると、オレとしては嬉しい。するとだんだん発酵肥料がサラサラになって、醤油のアミノ酸のニオイがしてくるぞ。だけどそのまま放っておくと、オレは暴走するタイプだからな、タンパクをアミノ酸にするだけじゃ気がすまなくて、アミノ酸をアンモニアにまで分解しちまう可能性がある。せっかくの発酵肥料なのに、有機物が無機のアンモニアになっちゃったらガッカリだもんな。オレを暴走させちゃいけねえよ。

　オレの暴走を止めるには、温度が下がって水蒸気が上がらなくなってきて、まわりにスポンジ状のカサカサができてきた頃、少し広げて温度を下げてくれるといい。たっぷりの糖とアミノ酸をエサに、乳酸菌が飛び込んでくるはずだ。本当は、乳酸菌を水に溶いて散布してくれるともっと確実。そしたらオレも正気に戻るからよ。

枯草菌《こそうきん》

納豆菌の仲間の枯草菌でーす。2人のことを、よくバチルス菌とかバシラス菌とかって呼んでくれる人もいるわね。

納豆菌は田んぼに住んでて、よくイナワラの上にいるけど、私は納豆菌より乾燥に少し強いから、どっちかっていうと畑派です。カヤやヨシにもよく付いてるので、発酵肥料の被覆にカヤやヨシを使ってくれれば、納豆菌の代わりに繁殖しますよ。私も納豆菌と同じくらい強力にタンパクとかいろんなものを分解できます。

暑いのが好きだから、夏に土ごと発酵をやって、ネバネバの分解酵素を出し、畑の土を団粒化させるのは私です（58ページ）。

Q 乳酸菌ってなに？

乳酸菌

- ニックネーム　掃除屋、消毒屋
- 細菌の仲間
- 好きなpH　酸性
- 好きな季節　春～梅雨、秋

こんにちは。私はきれい好きの乳酸菌です。乳酸菌飲料とかよくあるから、名前自体は皆さんになじみが深いですよね。

私も糖が大好きなので、こうじ菌や納豆菌のつくってくれた糖を食べて殖えます。分解は、まあ少しはやるけど、あまり得意ではありません。それより私の特技は、乳酸とかの有機酸をたくさん出すこと。乳酸は、pH２・０とか２・５とかの強酸性だから、強力な殺菌力があるの。さっきまでいばってた納豆菌なんか、すぐおとなしくさせられるし、いろんな雑菌も掃除できます。それに、私がここでpHを下げておいてあげれば、次に大事な仕事をする酵母菌ちゃんが入ってきやすいのよね。彼女も酸性が好きだから。

そういうわけで、私は菌界では「消毒屋」とか「掃除屋」とか呼ばれています。

40～50℃くらいの中温が好きだけど、１００℃になったって死にません。条件的嫌気性細菌なので、酸素はあってもなくても生きられます。ふふふ、結構しぶとい菌なのです。

自然界では、あんまり暑いのとかあんまり寒いのは苦手で、春は桜の花が咲く頃から梅雨時期までと、秋の紅葉の頃が大好きです。その頃に生の米ヌカを畑にふってもらうと、どんどん殖えます。

　ちなみに私の出す有機酸は、土の中でくっついて溶けないようになっているミネラルを溶かしたり、キレート化（有機酸やアミノ酸で挟み込む）したりして、植物に吸いやすくしてあげられます。この有機酸は、うんと薄くなって作物に吸われると、作物体内の体液を調整して耐病性を高めたり、長雨でも水ぶくれしない体質にしてあげたりもできるのです。私が畑に殖えると、いいこといっぱい！

熊本県の後藤清人さんは、空気中の乳酸菌を米のとぎ汁でつかまえる（鈴木一七子撮影）
米の最初のとぎ汁をビンに10～15cm入れ、和紙でフタをして暗所（15℃）に10日間。薄黄色になって酸っぱいニオイになる。その後、牛乳で増殖させる

Q 酵母菌ってなに？

酵母菌

■ニックネーム　合成屋
■酵母類
■好きなpH　酸性
■好きな季節　秋
■好きな場所　ブドウなどの果実表面

ジャーン、いよいよ私の出番ね！　私こそ、発酵の王道、最後の仕上げ。みんなが分解して細かくしてくれた有機物を、本当にいい形のアミノ酸とかホルモンとかビタミンとかに再合成したりするのは私。人呼んで「合成屋」よ。

味噌が栄養たっぷりうま味たっぷりになるのも、発酵肥料が一匙で作物の生育を変えるようなすごい肥料になるのも、みんな私が最後の仕上げをするからなの。私はね、各種アミノ酸はもちろん、ビタミン、核酸、ミネラル、ホルモン、脂肪酸……体内で何でもつくるわ。人間が体内で合成できない八つの必須アミノ酸をつくるのなんか、とても得意よ。だから私がたっぷり入った発酵食品を食べると、人は健康になるんだわ。

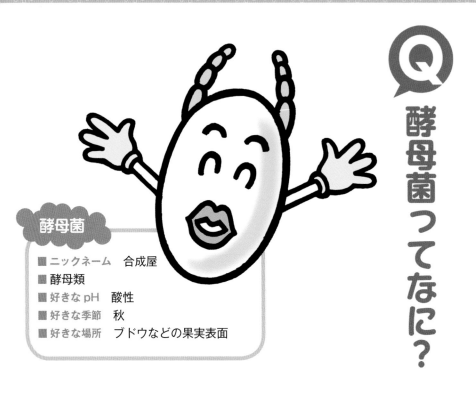

うまくできた発酵肥料は、全体が私たち酵母菌の菌体のかたまりみたいになってるから、それを畑に入れると、畑の微生物がいっせいに分解しにきて、私の体の中の大事な有機栄養を引っ張り出して食べるんだわ。だから土が一挙に肥沃になるし、作物だってそれを吸うから、びっくりするくらい生育が変わる。

だけど私は合成はうまくても、分解はヘタだから、最初のエサになる糖は、いつもこうじ菌くんや乳酸菌さんがつくってくれたものを、ペロペロなめて元気をつけるの。それでもって酸素がないときは、私、アルコールをつくりたくなる性格だから、発酵肥料つくりのときも、切り返ししてくれないとアルコールばっかりつくってしまうわ。酸素さえあれば、どんどん仲間を殖やすことで、どんどん合成を進められるわ。

暑いのとアルカリ性はあまり好きじゃないから、発酵肥料つくりは、最後のほうは少し広げて30度以下でゆっくり熟成させてね。pHは4とか4・5くらいが、本当は嬉しいわ。ここで温度を上げたり水をかけてしまうと、最後になって腐敗菌が入ってしまうから注意ね。

それから、硫安・過石・塩加とかの化学肥料を発酵させて有機化したいときも、私にお任せ。私は有機も無機も両刀使いだから、バクバク食べて、体の一部にしちゃうわ。だって化学肥料だって、細分化していけば一種のミネラルじゃない。ミネラルは微生物を元気にするのよ。私が元気に頑張ってるときに、少しずつボカシに足してくれれば、頑張って立派な有機栄養に変えてあげる。

好きな季節は秋。実りの季節に果実の表面とかによくいるわよ。とくにブドウは好き。

放線菌《ほうせんきん》

ところで私を忘れてもらっては困りますねえ。酵母菌で発酵肥料が完成したと思ったら大間違い。乾燥させてとっておく間に、私が勝手に住み着くんですよ。

私のことは、名前くらいは知ってる農家の方が多いとは思いますけどね。抗生物質をつくる菌で、フザリウムなんかの病原菌をやっつけるって、有名ですもんね。エヘン。

山の落ち葉の下のきれいな土に住んでます。乾燥した寒いところが好きなので、冬の畑ではわりと活動しますよ。pH9くらいの強アルカリの分解酵素を出すんで、分解力は納豆菌並みに強いです。殺菌力も強いです。カニ殻とかを畑に入れると殖えるといわれています。発酵肥料の中に殖やしたい場合は、最後のほうで山土を混ぜてください。

Q 土ごと発酵のしくみは？

薄上　どうでした？　菌の自己紹介は。今回は、発酵肥料つくりのときに大事な四つの菌を中心に紹介してもらいましたが、本当は、自然界にはもっとたくさんの菌がいて、季節ごとの遷移とも絡まって、複雑な関係を見事に調和させています。

米ヌカ一つで土が肥えていく「土ごと発酵」も、目には見えないけれど、微生物という「小さな匠」の仕業ですね。図をご覧ください。

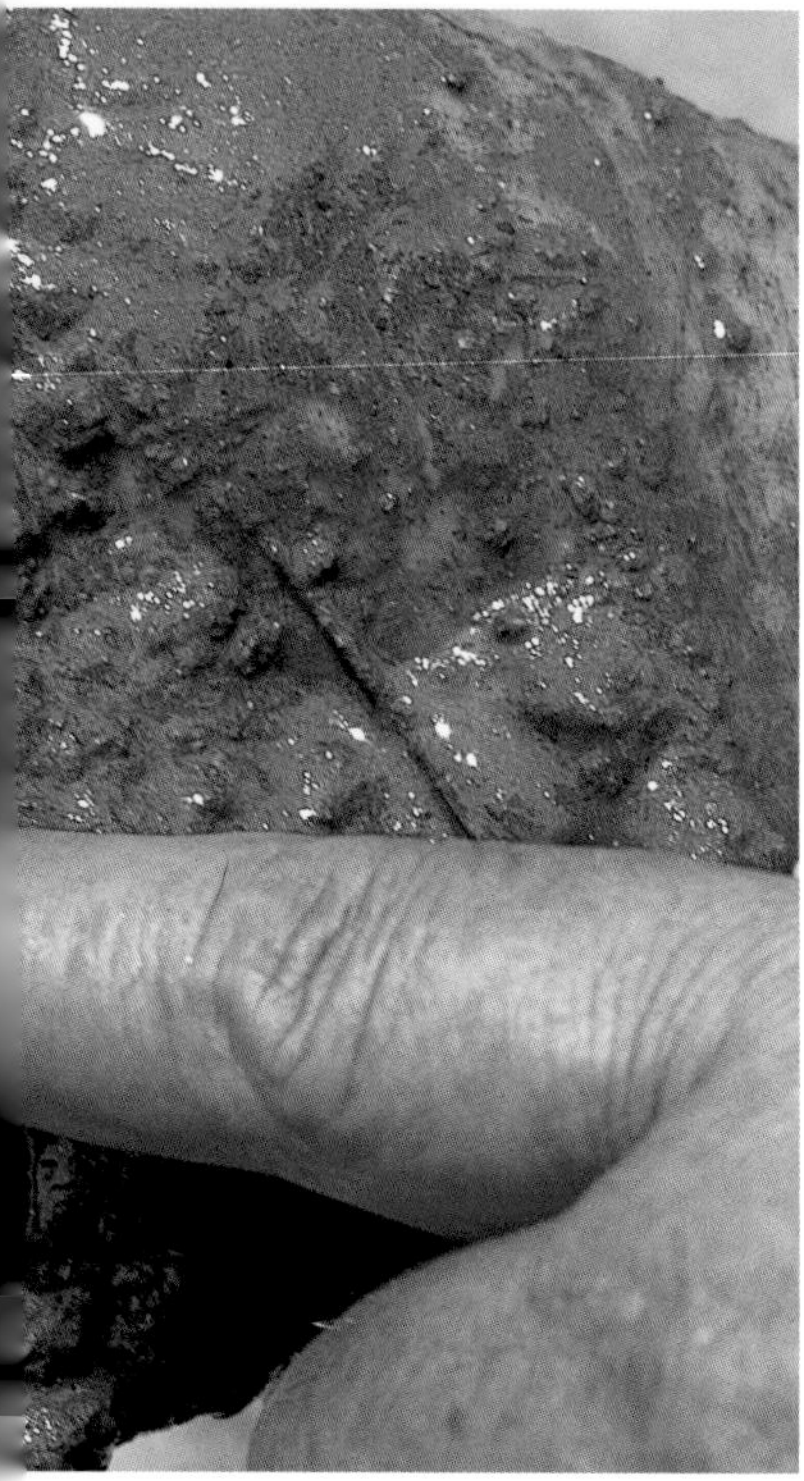

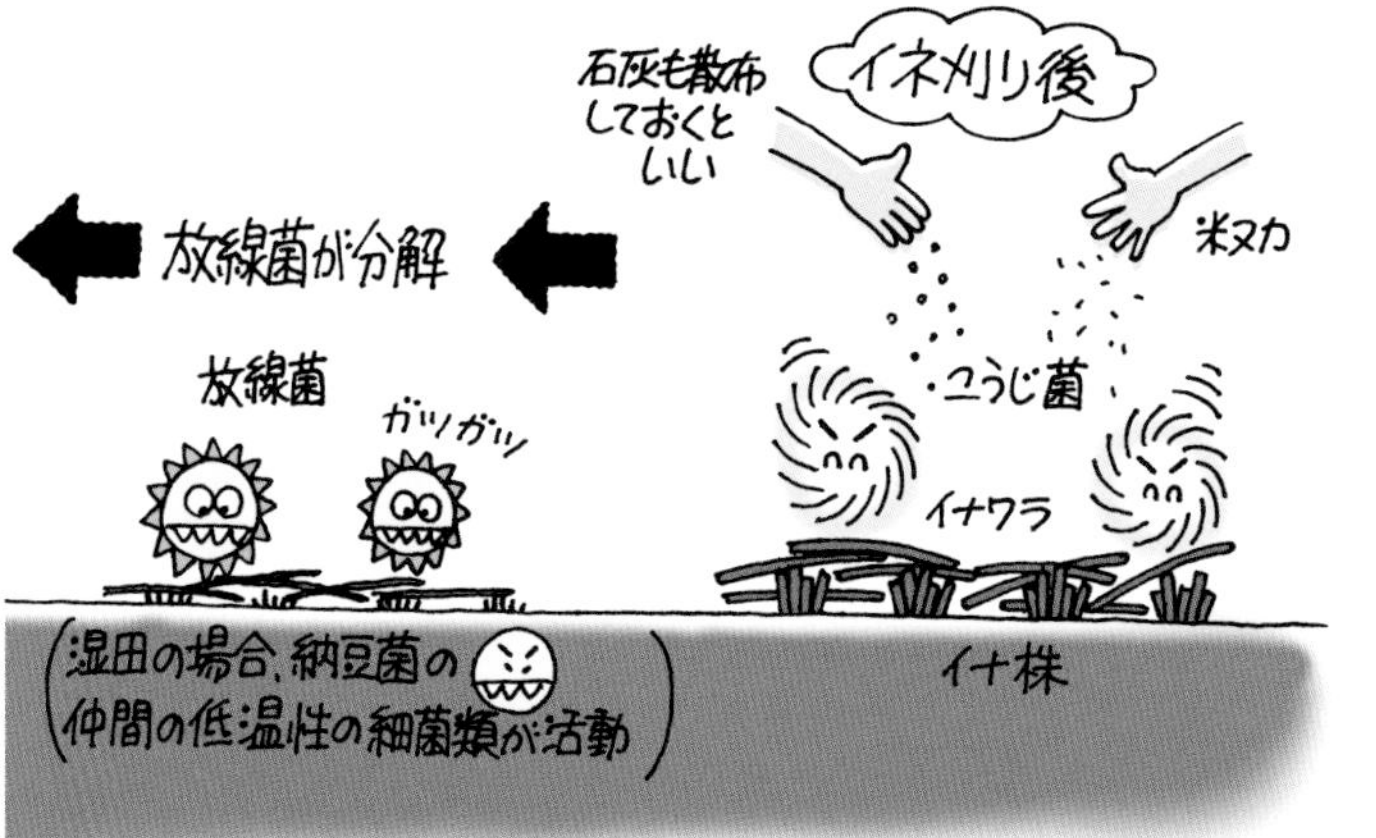

イネ刈り後、なるべく早くイナワラの上から米ヌカと石灰をまくと、こうじ菌、放線菌が繁殖する。
イナワラを分解してパワーアップした放線菌は、今度は土を食べ始める。強力な分解酵素とネバネバ物質で土を団粒化。冬の田はフカフカの土に変わっていく。春、水が入ると、これがトロトロ層に変わる

菌が土を発酵させると
ザラザラだった田んぼ
の土もトロトロになる

普通の畑ではこんなふうにザラ
ザラ（赤松富仁撮影、右も）

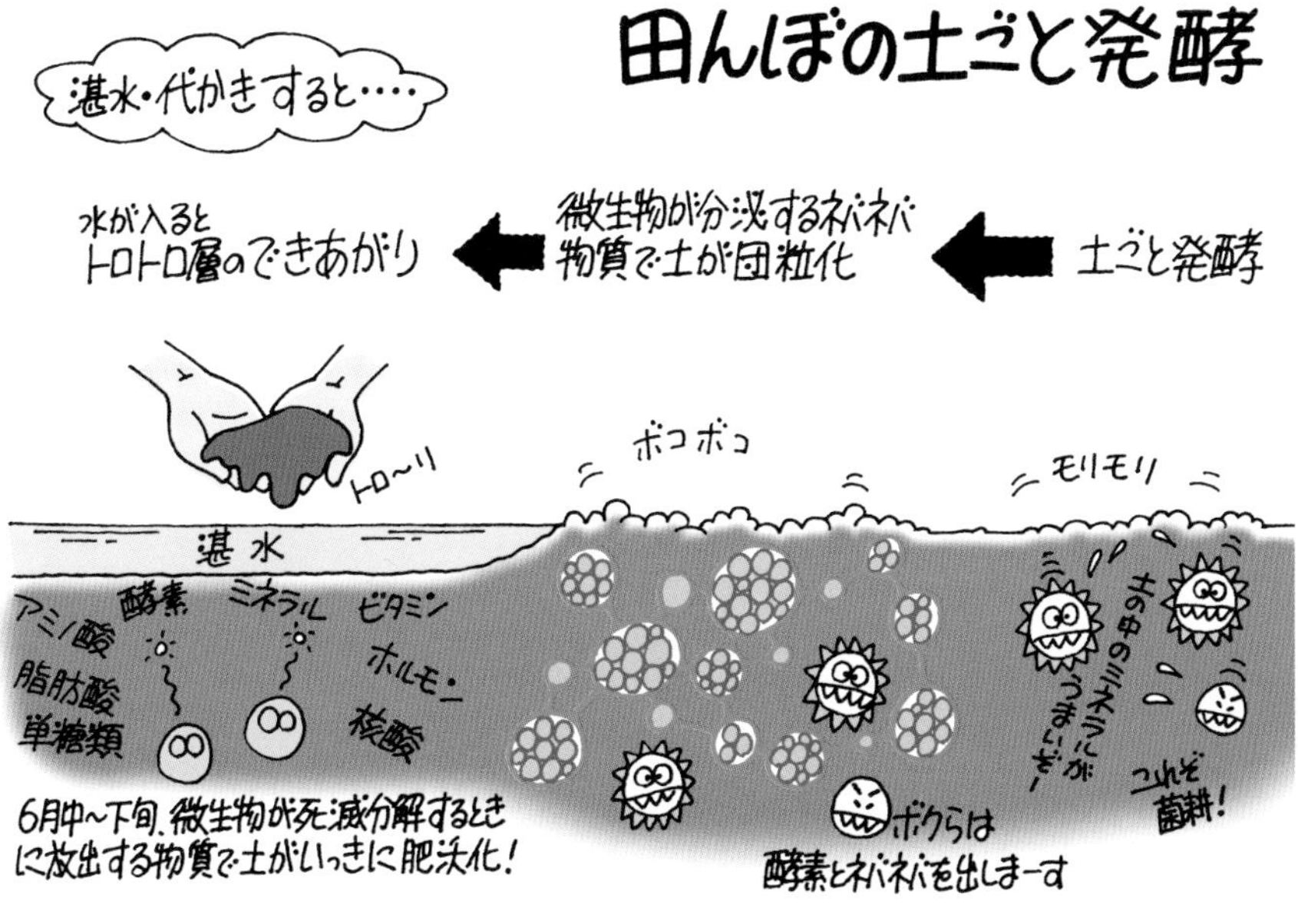
田んぼの土ごと発酵
湛水・代かきすると……
水が入ると
トロトロ層のできあがり
微生物が分泌するネバネバ
物質で土が団粒化
土ごと発酵
トロ〜リ
ボコボコ
モリモリ
湛水
アミノ酸
酵素
ミネラル
ビタミン
脂肪酸
ホルモン
単糖類
核酸
土の中のミネラルがうまいぞー！
これぞ菌耕！
6月中〜下旬、微生物が死滅分解するときに放出する物質で土がいっきに肥沃化！
ボクらは
酵素とネバネバを出しまーす

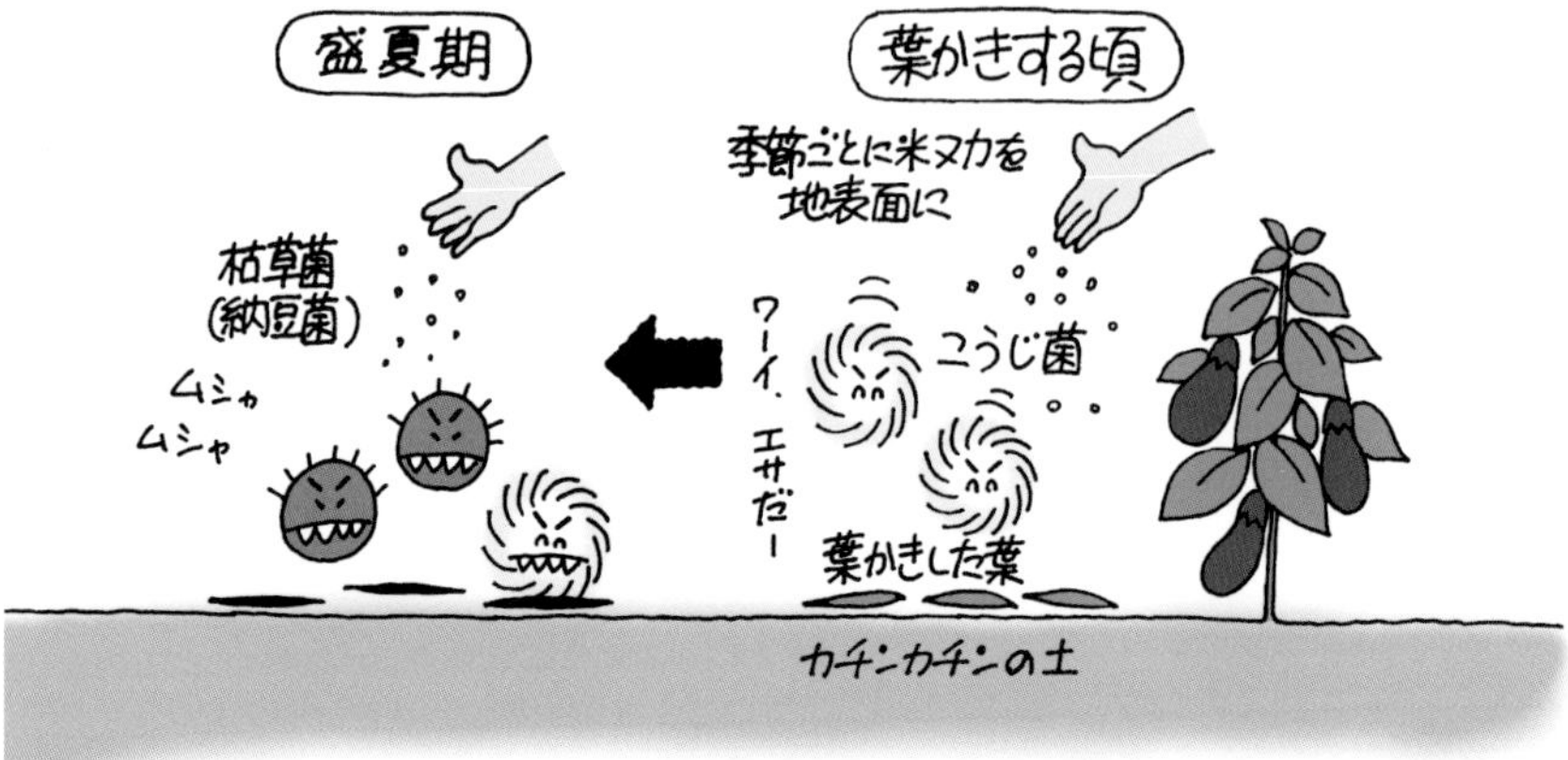

表層に米ヌカと葉かきした葉があることで、菌が集まる。真夏には分解力の強い枯草菌（納豆菌）が殖え、葉を分解し終えると、今度は土の中に潜り、土をガンガン食べ始める。土の中には100種のミネラルがあるので、菌はパワーさえアップしていれば、どんどん土ごと発酵させていく。秋口にはモコモコサラサラの団粒土になる。その後、涼しくなるにつれて乳酸菌、酵母菌が殖え、栄養たっぷりの酵母菌が死ぬと、土は一気に肥沃化する

米ヌカを表面施用すると、土が菌によって上から耕されていく（倉持正実撮影、左も）

畑の土ごと発酵

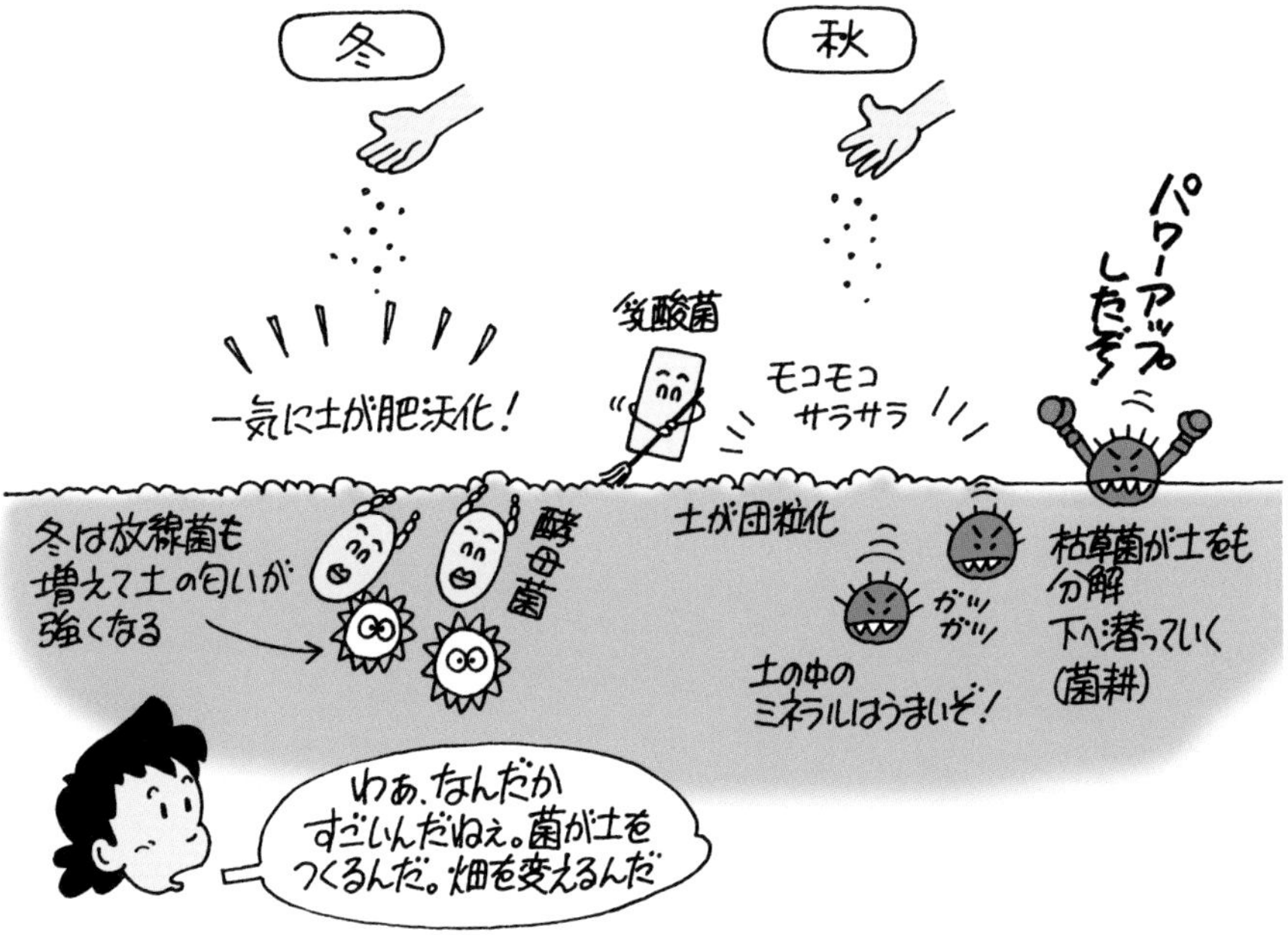
冬
秋
一気に土が肥沃化！
乳酸菌
モコモコ
サラサラ
パワーアップしたぞ！
冬は放線菌も増えて土の匂いが強くなる
酵母菌
土が団粒化
ガツガツ
土の中のミネラルはうまいぞ！
枯草菌が土をも分解
下へ潜っていく
(菌耕)
わあ、なんだかすごいんだねぇ。菌が土をつくるんだ。畑を変えるんだ

左は、普通の畑。右は米ヌカ表面施用の畑（右の写真の土を、下から見たもの）。
色も変わって団粒化が進んでいるのがわかる

Q 菌が好きなエサ・苦手なエサは？

菌が好きなエサはどれ？

①のグループ
菌が喜んで、すぐに食いつくもの
黒砂糖、米ヌカ、フスマ

②のグループ
菌がまあまあ早めに食いつくもの
ナタネ油粕、大豆油粕、おから、茶粕、コーヒー粕、酒粕、ビール粕、緑肥、鶏糞

③のグループ
菌が「ちょっと厄介だな」と思いながら頑張るもの
魚粕、骨粉、昆布、牛糞

④のグループ
菌が「かなり厄介だなー」と溜息をつくもの
卵の殻、ミカンの皮

オイシソー

ムッ、チョットマテ

※その他パワーアップ資材としては…硫安、過石、塩化カリ、ハギやナタネの花のつぼみ　ほか、ミネラル豊富なもの

薄上　「菌が好きなエサ」というテーマは、じつはとても難しいのです。それぞれの菌が本当に好きなエサと、最初に食べるエサとは、どうも違うことが多いのです。それから、菌が住む場所と食べるエサも、必ずしも一致しないみたいなのです。そして、すごく好きというわけではないけど、食べさせたほうが元気がつくのでパワーアップ資材として利用したほうがいいものもあります。

　どんな菌でも、最初は食べやすい糖（単糖類）を食べて増殖します。ある程度増殖したら、今度は好みの食べもの、たとえば納豆菌ならマメ類などをガンガン食べるようになります。そしてそれもある程度になると、今度はミネラルを食べて活力アップを図るようになります。そこでパワーが上がると、従来は「分解しづらい」といわれていたものにも果敢に挑戦。たとえばミカンの皮なんかも、し

まいには分解してしまうようになるのです。
そういうことを前提にして、発酵肥料やボカシ肥つくりなどによく使う有機質素材が、それぞれどのくらい菌に好まれているかを分類してみたのが、右の図です。
誌面の許す限りで、一つ一つ特徴を見ていきましょう。

①のグループ——菌が喜んで、すぐに食いつくもの

黒砂糖・米ヌカ（弱酸性）

両方とも、発酵のスタートには最適の材料だ。微酸性で、発酵のスターターであるこうじ菌の好むpHと同じ。放っておけば、こうじ菌をはじめ、いろんな菌がすぐに繁殖する。

米ヌカは、タンパク・脂肪・炭水化物・ミネラル・ビタミン・繊維素……と、微生物が普段必要とするものが全部入っていて万能。こうじ菌はこれに取り付いて、炭水化物を糖にせっせと変えて食べるわけだ。結構時間がかかるので、その間に次の菌も入ってこられる。

ところが黒砂糖のほうは、こうじ菌が分解しなくても、もう最初から糖になっている。タンパク・脂肪もすでにアミノ酸・脂肪酸になっている。これはありがたいし、話が早い。だから黒砂糖をやると、どんな菌でも爆発的に殖える。だがその分、すぐに食い尽くされて、菌の活動が続かない。黒砂糖はミネラルやそのほかのものもあってとてもいいが、これだけで発酵の起爆剤にするのは難しい。発酵のパワーが落ちたときに、ちょっと使ってやるのには最適なのだが。

大分県・西文正さんの米ヌカボカシ（82ページ・表参照）。白いのはミネラル資材のセルカ。いよいよ菌が喜ぶ（赤松富仁撮影）

②のグループ――菌がまあまあ早めに食いつくもの

おから（弱アルカリ性）

煮た大豆をつぶしてあるわけだから、本来、とても菌は食いつきやすいはずだ。だが、おからは、発酵のスターターのこうじ菌の好みではないらしく、なかなか食いつかないので、最初の発酵材に持ってくるにはちょっと手こずる。

こうじ菌がのろのろしている理由は、

①おからは大豆タンパクが中心で、大好きな糖のもとである炭水化物が少ないから

②こうじ菌は微酸性が好みなのに、おからは弱アルカリ性だから

③水分が多いから……などだ。

こうじ菌はもともと長距離ランナータイプで、繁殖を始めるまで時間がかかる。のろのろしているうちに、水分の多いおからは還元状態になってしまい、温度が高いとすぐに酪酸菌に入られて腐ってしまう。酪酸菌は腐敗菌で、マメ類タンパクと水分が好きなタイプだ。短距離ランナーで、なかなかの悪臭を発する。温度が低いときは、中距離ランナーの乳酸菌が入ってくる。

ナタネ油粕（弱アルカリ性・発酵後酸性）

もっとも一般的に使われる有機質素材。米ヌカと同格にして①のグループに入れてもいいのだが、問題はカラシ油を含んでいることだ。

これは植物の生長点を傷める抑制物質で、こういうものがあると、菌も食いつきにくい。とくに分解屋の納豆菌は弱いので、最初、こうじ菌の繁殖のときに熱で油成分を揮発させたりできれば、あとはスムーズに分解が進む。

大豆油粕（弱アルカリ性）

これもすべての成分が揃っていて、菌にとってはいい素材。ナタネ油粕のようにカラシ油成分もないので分解が早い。

大豆タンパクが多いので、これが大好きな納豆菌の出番。タンパクが多いと菌がエネルギーを出しやすいので、高温発酵になる。前年のイネが不作で、その米ヌカを使ってボカシつくりするようなときは、温度がなかなか上がらなくて困ることがあるが、そんなときに大豆油粕を足してやると、温度が上がり、分解が早

まる。

ただ、大豆もナタネも、やっぱりこうじ菌は今ひとつ取り付きにくい。水分吸収が遅いという点も、①のグループに入れられない理由。

茶粕（中性）

茶粕は、菌の活性化にすこぶる効果的。茶葉にはすべてのミネラルが揃っていて、それはもう米ヌカ並み。とくにカルシウムとマグネシウムが多い。他の作物に比べたら桁違いだ。菌は糖とミネラルさえあれば、有機物をつくりだしてしまう生き物だから、ミネラルは何より大事。糖分が少ないから①のグループには入れられないが、こうじ菌の活動が弱いときにでも、ちょっと入れてやるとパーッと温度が上がるくらいだ。

だが茶葉なら何でもいいというわけではなくて、生葉はダメ。ああいう椿の葉みたいなテカテカした葉には、菌がなかなか食いつけない。蒸して、もんで茶にしたうえで、一度お湯を注いで飲んでタンニンを出してしまったあとという条件なら、分解しやすい。

ちなみに、どうせなら玉露のほうがいい。葉の中にアマイドといううま味成分がたまっているお茶は、アミノ酸が多いのと同じだからだ。

酒粕（酸性）

これはもう、ボカシ肥や発酵肥料のもとにする人もあるくらい、いい材料だ。ミネラルも豊富だし、乳酸菌と酵母菌がすでにたくさん入っている。

一番効果的な使い方は、発酵の最初から混ぜるのでなく、乳酸菌が出てきて、温度が下がってきたところへ入れてやることだ。40℃以下のときに入れないと、酵母菌の活動が鈍ってしまう。

緑肥（中性）

生の緑肥はすき込むと作物に害を及ぼすことがあるが、発酵素材に積むのはとてもいい。

青刈り、しかもなるべく若いうちに刈ったものは、酵素をいっぱい持っている。発酵させると高熱が出て、早く分解する。若いとセルロースがまだ弱くて、タンパクが多いというのも、菌が活力を高める原因。すべてのミネラルを含んでいるというのは、米ヌカと同じ。

ただ、すき込んで発酵させるときは、土中水分が多かったりすると還元状態になって、酪酸が発生する。レンゲなどのマメ科はとくにそうなる。青刈りムギなどだと、茎の中に空気が通る通道組織があるので、酸欠が起きるのが遅れる。なるべく表面近く、浅く入れたほうが、還元発酵になりにくい。

鶏糞（酸性）

チッソが多いから、発酵はすこぶる速い。だが、発酵させたものを作物に与えても、でき過ぎになったり、徒長したりすることがある。ちゃんと分解・発酵が完成していれば、そんなことはないはずなのだが、これは鶏糞の中の「馬尿酸」という物質が邪魔をしているからだと思われる。

尿素というのは、ウレアーゼという酵素がないと分解しないものだ。ウレアーゼは大豆の中にあるので、尿素を発酵させるときは大豆粕を一緒に使うといい。だが鶏糞にあるのは尿素ではなく、「馬尿酸」なので、なかなか分解する酵素が見つからない。イナワラとかモミガラとか落ち葉など、チッソの少ないものを一緒に、じっくり長い時間をかけて発酵させれば、いずれはそういう酵素が出るようで、わりといいようだ。だが、できた肥料はくれぐれも、やりすぎに注意。

③のグループ——菌が「ちょっと厄介だな」と思いながら頑張るもの

魚粕（酸性・発酵後アルカリ性）

魚粕を分解するには、カツオブシの表面に繁殖しているカツオブシ菌を使うのが一番いいが、わざわざそんな面倒なことをする人はなかろう。

こうじ菌から始まって、納豆菌がちゃんと分解してくれる。タンパクと脂肪が多いから、菌の活力は高まる。高熱が出やすいし分解も早い。もともと良質のアミノ酸が含まれているから、酵母菌のアミノ酸合成も早い。

じゃあ何が問題で③のグループなのかというと、それは骨だ。納豆菌までの段階でボカシつくりをやめてしまう人は、骨が残ってしまう。骨を溶かすのは乳酸菌の有機酸なのだ。

乳酸菌で骨のリン酸カルシウムが溶け出すと、エネルギーのもとのリン酸が供給されて菌の活力はいよいよ上がる。カルシウムも水溶性になるし、それ以外のマグネシウム、鉄、銅なども溶け出してきて、微生物が元気になる。肥料としても効果が上がる。

骨粉（アルカリ性）

骨粉や貝殻は、生ではほとんど分解不可能だが、焼いてあれば何とかなる。

実際、農家で使うのは蒸製骨粉。リン酸の補給ということで発酵材料の中に加える人が多いが、じつはちゃんと分解されていないことが多い。分解しないようなら、酢酸液やクエン酸液につけて、溶かしてから混ぜたほうがいい。何年もやっていると、そのうち骨粉を分解できる乳酸菌が殖えてくる。

昆布（アルカリ性）

昆布はミネラルをすべて含んだ最高の肥料だ。しかも本当はすこぶる分解が早い。特殊な養分と体内酵素を持っていて、昆布は昆布だけで勝手に分解する。水に浸けておけば、そのうちトロトロになって勝手に自己消化していくので、それを混ぜたほうがいい。

海からとってきた昆布は塩気を含んでいるので、好塩菌があればいいが、ない人は分解に苦労する。何年か使い続けていれば、そのうち好塩菌が育ってきて、最初からボカシに昆布を混ぜても大丈夫になるかもしれない。

牛糞（酸性）

牛糞は、そのままでは極めて難しい。牛は胃が四つあって、第1胃では好気性発酵だが、第3、4胃になると、だんだん嫌気性発酵になる。しかも牛は、水をたくさん飲むから、牛糞は排出されたときから嫌気性菌がたくさんだ。

いっぽう馬や山羊、羊などの糞は、エサの好みの問題もあって、好気性菌が多い。

牛糞を使う場合は、乾燥させて、嫌気性菌がいない状態にしてからにしないと、発酵に時間がかかる。

ボクたちがエサ（有機物）に
食いついて、食べると、
有機物が分解されて（発酵）、
作物に吸収されるという
わけですね

④のグループ――菌が「かなり厄介だなー」と溜息をつくもの

卵の殻（アルカリ性）

これはもう、ちゃんと分解させるのは非常に難しい。どうしてもやるのであれば、１週間くらい酢に漬けておいて、あとから混ぜる。そうすれば、酢でカルシウムやマグネシウムをキレート化できて、ミネラルの吸収にとてもいい。

ミカンの皮（酸性）

ロウ物質に覆われていて、クエン酸が多く、これも菌が取り付かない。いくら発酵を進めても、ミカンの皮だけきれいに残っていたりする。

だけどこれは、亜鉛をはじめ、ミネラルの宝庫（亜鉛は人間にとっても、老廃物を皮膚まで引っ張ってきてくれる重要な物質。つぼみ菜などに多い）。クエン酸も薄まれば、作物にも土にもいい影響ばかりだから、うまく取り入れられればおもしろい素材なのは確か。とりあえず、まずよく乾燥させる。そしてよく砕く。そうすれば、意外と簡単に発酵してくれる。

ポイントは糖とミネラルね！ふむふむ。薄上さん、ありがとう。やっぱりちょっと難しいけど、なんだか少しは菌に親しみが出てきたわ。

第3章

ボカシ肥の
つくり方
使い方

ボカシ肥のつくり方の話

Q ベーシックなボカシ肥のつくり方を伝授して！

A 藤原俊六郎さん（13ページ）、基本は土入り。イラストにしてみました。

ボカシ肥は有機肥料（肥料）と土（吸着剤）や堆肥（粗大有機物）の組み合わせが基本で、地域によってさまざまなつくり方があります。もともとは有機肥料をあらかじめ分解し、土に吸着させて有効に効かせるための技術ですが、現在は土を入れず、単に有機肥料を組み合わせて微生物発酵させただけのものが主流になっています。今回は基本的なつくり方を紹介しましょう。

材料は図のとおり。これらを混ぜて全体の含水率が50％程度になるよう水を加えます。山にした上からムシロ（通気性と保水性のある資材）で覆います。堆積場所は室内が好ましいのですが、屋外の場合はさらにシートを被せ、雨に濡れないようにします。積み込んで数日で発熱しますが、高温になるとチッソがアンモニアガスになって飛んでしまうので、50℃以上にならないよう切り返します（堆肥は60℃以上で管理）。1カ月ほどすれば使えますが、2〜3カ月堆積しておくほうが安心です。

できたボカシ肥の成分はチッソ3％、リン酸4％、カリ2％程度。できあがったらすぐに使うのがベストですが、含水率を30％程度まで落とせば長期保存できます。

発酵促進剤として市販の微生物資材を使ってもよいでしょう。また、土の代わりに牛糞堆肥を入れてもいいのですが、発酵中に悪臭が発生することがあります。（談）

基本的なボカシ肥のつくり方

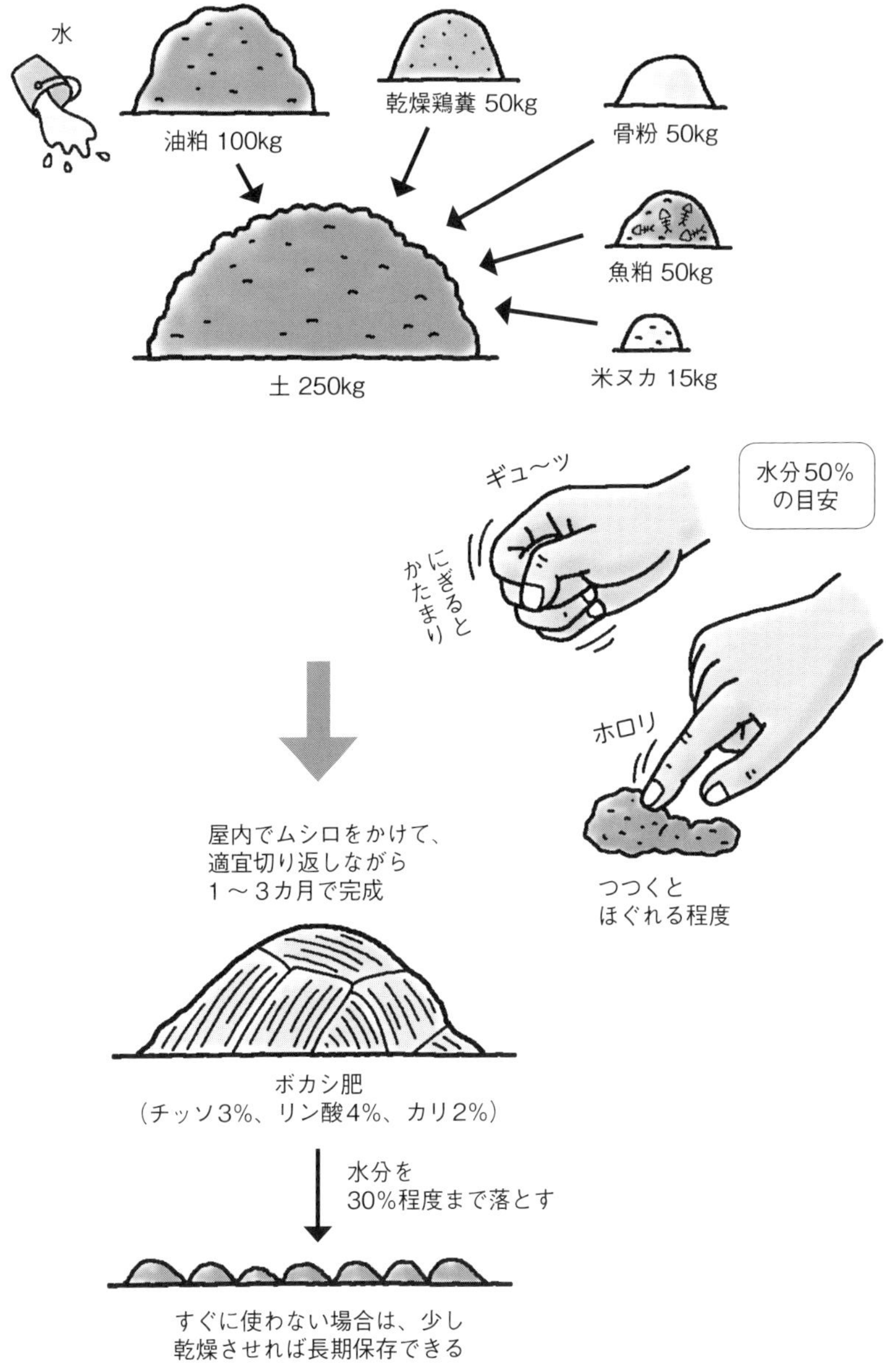
水
油粕 100kg
乾燥鶏糞 50kg
骨粉 50kg
魚粕 50kg
米ヌカ 15kg
土 250kg
ギュ〜ッ
水分50%
の目安
にぎると
かたまり
ホロリ
つつくと
ほぐれる程度
屋内でムシロをかけて、
適宜切り返しながら
1〜3カ月で完成
ボカシ肥
（チッソ3%、リン酸4%、カリ2%）
水分を
30%程度まで落とす
すぐに使わない場合は、少し
乾燥させれば長期保存できる

米ヌカ納豆ボカシ

編集部

ボカシ（発酵肥料）つくりは難しくて……という人にはコレ。納豆を使えば失敗もなく、病気が減る米ヌカ納豆ボカシができる。納豆菌は納豆をつくるときに働く菌で、菌のなかでも繁殖力がとびきり強い。――編集部でつくってみた。

用意するもの

米ヌカ………… 15kg
市販の納豆…… 1パック
水……………… 3ℓ
漬物用ポリ桶
ペットボトル
毛布

※編集部では入手できた米ヌカが少なかったので、同じ割合で全体量を減らした（納豆は1パックのまま）。容器も発泡スチロールのトロ箱を使った

米ヌカ納豆ボカシのつくり方

① 容器に米ヌカ15kgと水3ℓを入れて、ていねいに混ぜる。

② 水を入れたお椀に納豆を1パック入れて「納豆水」をつくり、米ヌカにふりかける（水は200cc）。

③ もう一度よく混ぜる。

④ 初期発酵を助けるために、冬は熱いお湯を入れたペットボトルを埋め込み、毛布をかけておく。夏は毛布だけでよい。

⑤混ぜてから数時間から半日ほどで発酵が始まる。発熱し始めたら朝夕2回切り返す。酸素好きな納豆菌にはこの切り返しがポイント。

⑥ 切り返しを1週間から10日続け、発酵熱が40℃くらいに下がったら完成！

甘酒のような香りが途中から納豆のニオイに変わり、さらに醤油の香りに変わった

おからボカシつくり講習会の様子。おからボカシは、販売するだけでなくつくり方を町民にも公開。現在は直売野菜農家を中心に多くの農家が、自分たちでおからボカシをつくっている

おからボカシは万能肥料

（財）いの町農業公社
和田耕明

おからボカシの成分含有量

チッソ全量	2.50%
リン酸全量	3.70%
カリ全量	4.50%
炭素チッソ比	15.90%
水分含有量	12.40%

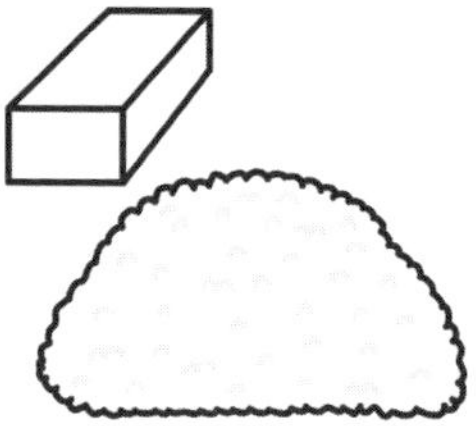

高知県の中央部に位置する、いの町吾北《ごほく》地区にある㈶いの町農業公社では、2003年から「おから」を使ったボカシ肥料を農作物の栽培に活用しています。また2005年からは生産販売にも取り組んでいます（現在は販売中止）。

原材料の「おから」は、地元のお豆腐屋さんから提供いただいております。これまで大部分が廃棄されてきた「おから」を地域資源として有効に活用しています。

「吾北おからぼかし」は、広く一般にどんな作物にも使えます。元肥や追肥としても利用でき環境にも優しい肥料です。栽培者からは「食味がよくなった」「連作障害がなくなった」「作物の根張りがよくなった」「作物の生育が天候などに影響されにくいようになった」などの声が届いています。

おからボカシのつくり方

【留意点】

・仕込みのときの水分を40％にしたら、あとは水分を加えない。発酵温度の目安は50℃。55℃を超えるとチッソ分が失われやすいので、切り返し後、やや低めに積んで温度が上がらないようにする

・保管する場合は、よく乾燥させてから紙袋に詰める

・雨のかからないところでつくり、雨水が入りやすいところも過湿になりやすいので避ける

①

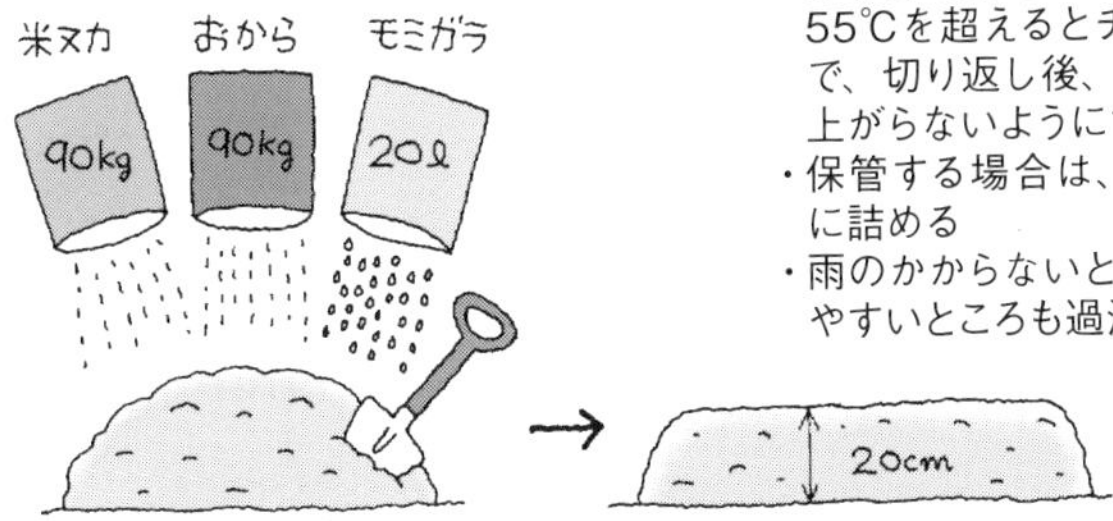

②

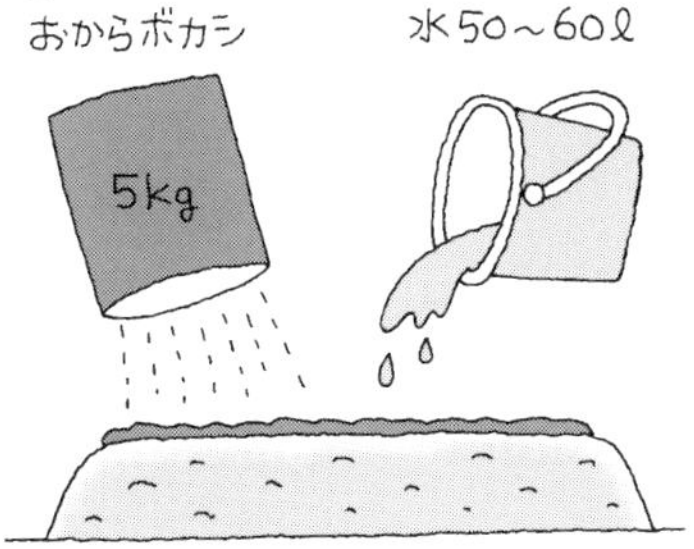

③

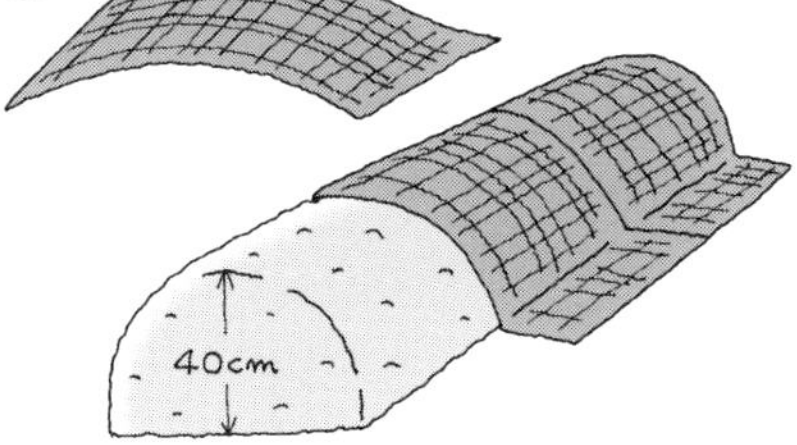

④

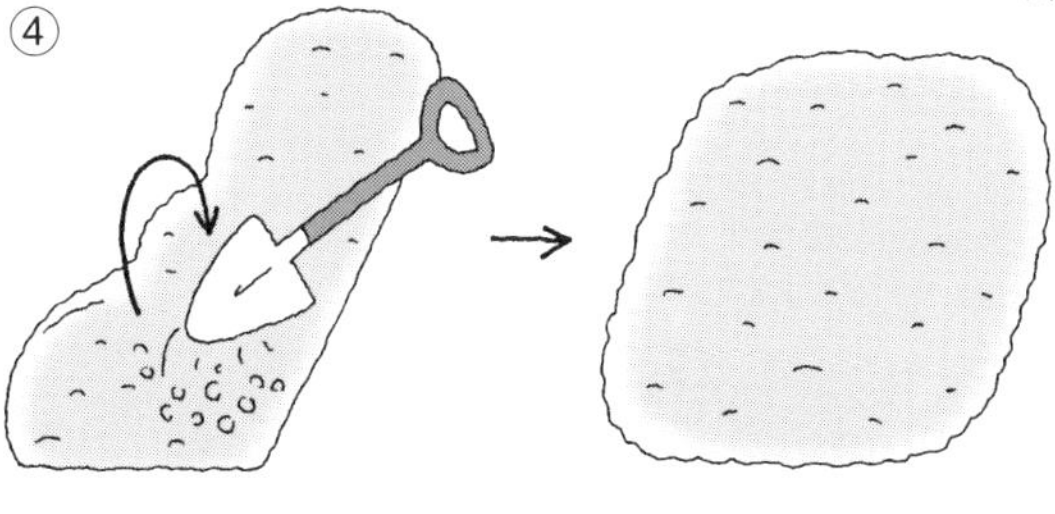

①材料の米ヌカ、おから、モミガラをよく混ぜ合わせながら、20㎝ぐらいの厚さに広げる

②広げたものの上に、おからボカシ（種菌として。過去につくったもの）5㎏を均等に散布し、50 ～ 60ℓの水を加えて混ぜ合わせる。水分は 40％程度（両手で軽く握るとかたまり、指でつつくとパカッと割れるぐらい）が適当。おからに水分が多いようであれば水の量を減らす

③高さ 40㎝ぐらいの「かまぼこ形」に積み、ムシロなどで覆う

④仕込み後約 1 日で温度が 50℃ぐらいになったら、毎日 1 回、全体を４～５回切り返す。
1 週間後に薄く（厚さ 10㎝以下に）広げてサラサラになるまで乾燥させる

◎注意：直射日光を避け、ハウスの中などで乾燥させる

※現在は、「吾北てんぷら油ぼかし」を町内向けに製造販売している

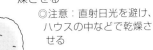

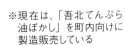

切り花で化学農薬ほとんどなし

放線菌入りモミガラボカシ

千葉県茂原市・三宅花卉園

アマリリス。モミガラボカシに吸水用のパーライトを1割混ぜた培土で生育実験中。軽くてとても扱いやすい（写真はすべて倉持正実撮影）

気相率が確保できる

三宅勇さん、73歳。トロ箱などを使った容器栽培で切り花や球根を生産する花農家であり、芳香性のアルストロメリアや八重咲きのアマリリスなど、数々の新品種を世に送り出している育種家でもある。

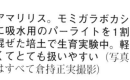

「モミガラのよいところ？ そりゃ、身近にいっぱいあるし、安いし、軽い。容器栽培だと、土耕に比べて土の緩衝作用がはるかに低くなるから、培土の物理性がとても大事。モミガラを入れれば気相率がしっかり確保できる。過湿による根腐れも起きにくくなる。我々にはなくてはならない資材です」

三宅花卉園では毎年、地域の稲作農家からダンプ15台分のモミガラを購入し（3万円）、モミガラ主体のボカシと堆肥を大量につくる。これを培土に1・5割ほどずつ混ぜてい

トロ箱での栽培風景。残念ながら、8月初旬の花のない時期の取材となった。ブーケなどに使われるミラビフローラがつぼみを出していた

三宅勇さん

るそうだ。もちろん、生のモミガラでも気相率は確保できるが、培土中の微生物の量や多様性を高めて病原菌の繁殖を抑えるために、発酵させてボカシや堆肥として使っている。

2、3週間でモミガラボカシ完成

一般にモミガラは分解しにくいといわれるが、三宅花卉園では、モミガラボカシを年間20回程度つくる。ボカシは夏だと約2週間、冬でも2、3週間で完成するそうだ。培土の物理性を確保するためにも、モミガラがボロボロになるほど分解はさせないが、手でこすると簡単に形が崩れるくらいには分解が進む。

「今は放線菌をメインに使っていますが、とくに微生物資材を使わなくても、モミガラと副資材の割合をC／N比20～30に調整すれば、ちゃんと発酵して分解が進みますよ」とボ

カシ＆堆肥製造を担当する島崎拓也さん（27歳）。

一度につくるボカシの量は、モミガラ3000ℓが基本で、これに米ヌカ120kgを混ぜて水分を与える。翌日には温度が60℃くらいに上がって甘い香りが漂い、数日するとモミガラにも菌糸が食いつき、ところどころかたまりになる。その後、味噌や醤油のような香りとともにアミノ酸がつくられ、2週間ほどで自然と温度が下がって完成するそうだ（切り返しはなし）。

以上がボカシつくりの基本で、これに好みのタネ菌を投入すれば、いろんなモミガラボカシをつくることができる。EM菌、えひめAI《あい》、光合成細菌、土耕菌ナルナル……、とさまざまなものを実験してきたが、現在は「バイオフレッシュ1ふかふか」（ワタナベ産業）という放線菌資材をメインに使っているそうだ。菌の食い込みが一番よいのと、グラジオラスやイキシアなどのアヤメ科植物が感染しやすいフザリウム菌対策にもなると感じるからだ。

微生物の栄養源に モミガラ油粕堆肥

いっぽう、モミガラ堆肥は、1カ月～半年ほど熟成させて使う。モミガラボカシと同じく米ヌカを加え（分量もボカシと同量）、さらに油粕を60kg加える。タネ菌は入れずに給水して発酵させ、温度が下がってきたら、切り返したり、米ヌカを加えたりして発酵を持続させていく。ボカシよりもモミガラの分解が進むので、完成すると手で握って簡単にボロボロになる状態だ。

こちらは長期間熟成させるので「堆肥」と呼んではいるが、チッソ分はモミガラボカシよりも多く、追肥としても利用できる。モミガラボカシ（肥料分はほとんどなし）で供給される微生物たちの栄養源、という位置づけだ。

外と内から病原菌をガード

前述したとおり、これらボカシと堆肥を培土に1・5割ずつ混ぜることで、微生物リッチな培土をつくる。また、地面からの病原菌の侵入を防ぐために、（容器を地面に平置きする場合には）接地面にモミガラボカシを挟んだり、あるいは、培地の上からもボカシをまいて有機物マルチとして使うこともある。微生物たっぷりのボカシでサンドイッチされたような格好だ。

こうして、外から病原菌の侵入をガードし、微生物のつくるアミノ酸を根から直接吸収することで、内からも強固な細胞をつくる。

切り花栽培にして、化学農薬の使用はほとんどなしだそうだ。

モミガラボカシのつくり方

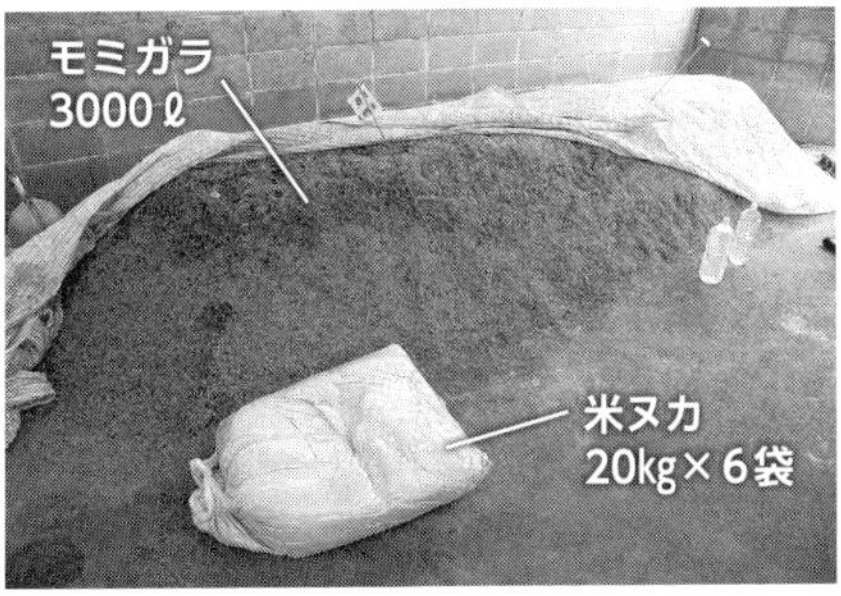

モミガラ3000ℓ分のボカシが発酵中。米ヌカ120kg（手前にある20kg袋6個分）と、放線菌資材（バイオフレッシュ）20kgが入っている

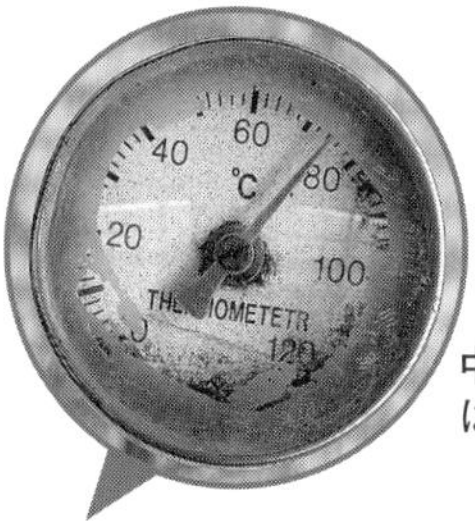

中心の温度は74℃

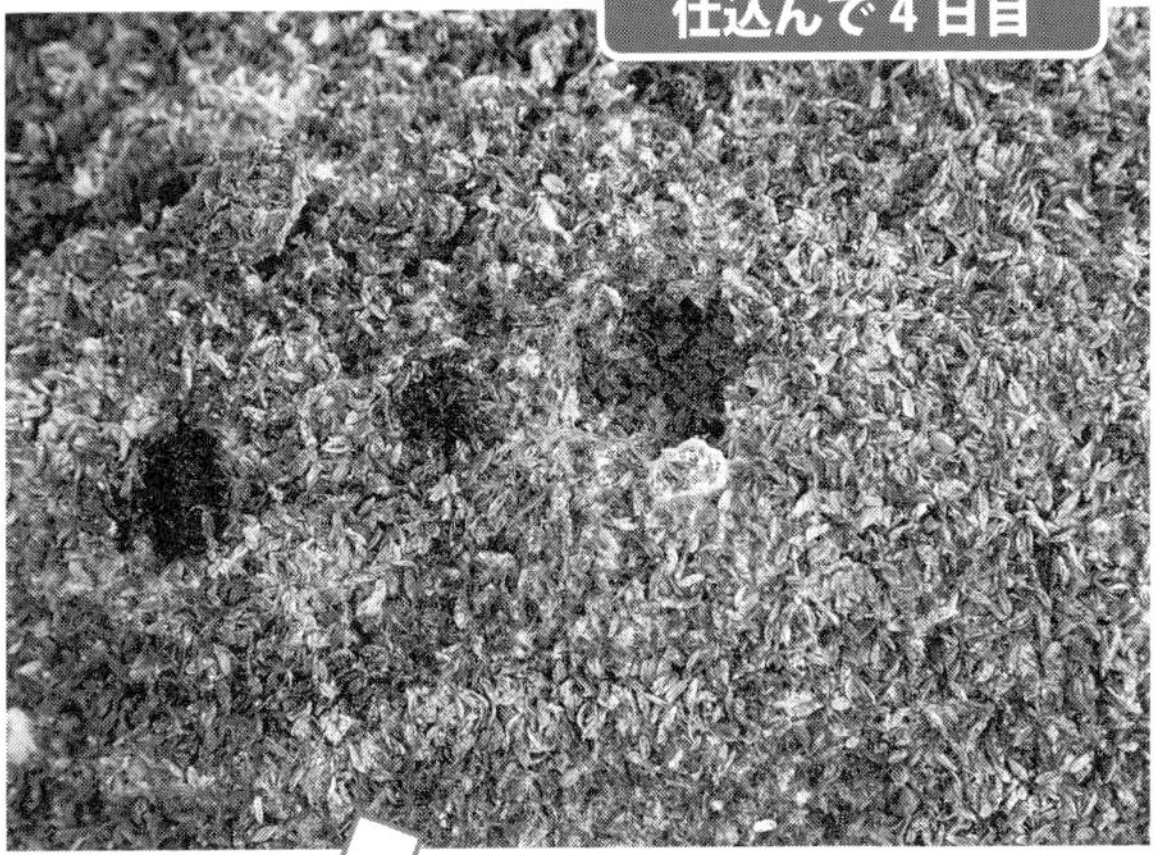

すでに菌糸がモミガラにまで食い込んでいる（生モミガラは屋外にブルーシートをかけて保管したもの。新しいものでも同様に発酵・分解するとのこと）

完成したモミガラボカシ。舟形を保っているが、手でこすると簡単に崩れる

竹パウダー&米ヌカボカシ

千葉県香取市・水海《みずうみ》 清

できたてほやほやの竹パウダー（写真はすべて田中康弘撮影）

イチジクには「蜜」がたっぷり。ねっとりとコクのある甘さ。濃い味があとからジワーッとしみ出てくる

竹粉砕機をつくって、ビックリ、ワクワク

千葉県香取市八筋川で水稲200a（食用60a、飼料用140a）、イチジク40a（露地30a、ハウス10a）を妻と2人で栽培していて、最盛期には収穫パートさん2名、道の駅やスーパーなどへの配達員2名を雇用しております。

筆者。イチジクは高ウネで栽培。直売所やスーパーなど、6店舗で販売

以前より竹炭に興味があり、また、『現代農業』２００５年４月号の竹肥料の記事を読み、自分でもできないものかと思っていました。そして２００９年４月号に載っていた竹粉砕機の具体的な内容に感動し、これならなんとかなるだろうと、古くからの知人で工業用プラントの会社の社長に『現代農業』を見せ、製作を依頼。２カ月くらいして完成しました。試運転した社長は、竹が米ヌカのようになるのを見てビックリ。私もワクワクしました。

竹パウダーと米ヌカを半々にして発酵

竹は知人の竹林より毎年３ｔほど伐採してきます。時間を見つけては、竹粉砕機でパウダーにし、厚手のポリ袋に24kgずつ入れて密閉。育苗ハウスの中に並べておくと、２～３週間で甘酸っぱい香りがしてきます。

これが一次発酵で、続いて二次発酵に移ります。竹パウダーと米ヌカを12kgずつ、小型ミキサーでよく攪拌。このとき水分調節と発酵を促すためにえひめＡ《あ》Ｉ《い》（納豆、ヨーグルト、イースト、砂糖、水を原料とした、手づくり菌液）の１００倍液も約４ℓ加えます。再度、ポリ袋に入れて密閉し、３週間くらいハウス内に置けばできあがりです。

発酵を繰り返すと、畑で分解されやすくなると思います。

冷めてもうまい米、甘く濃厚なイチジク

去年はこの「竹パウダー&米ヌカボカシ」（以下、ボカシ）を食用米60ａに約１ｔ、イチジク40ａに約３ｔ使いました。

水稲では３月に全面散布し、すぐ耕耘。その後、元肥一発肥料を施し

竹パウダー＆米ヌカボカシのつくり方

① 竹をパウダーにする

竹粉砕機、稼働中。竹を手で回しながら削り、パウダーにする（竹の端に鉄棒を貫通させ、そこを握って回す）

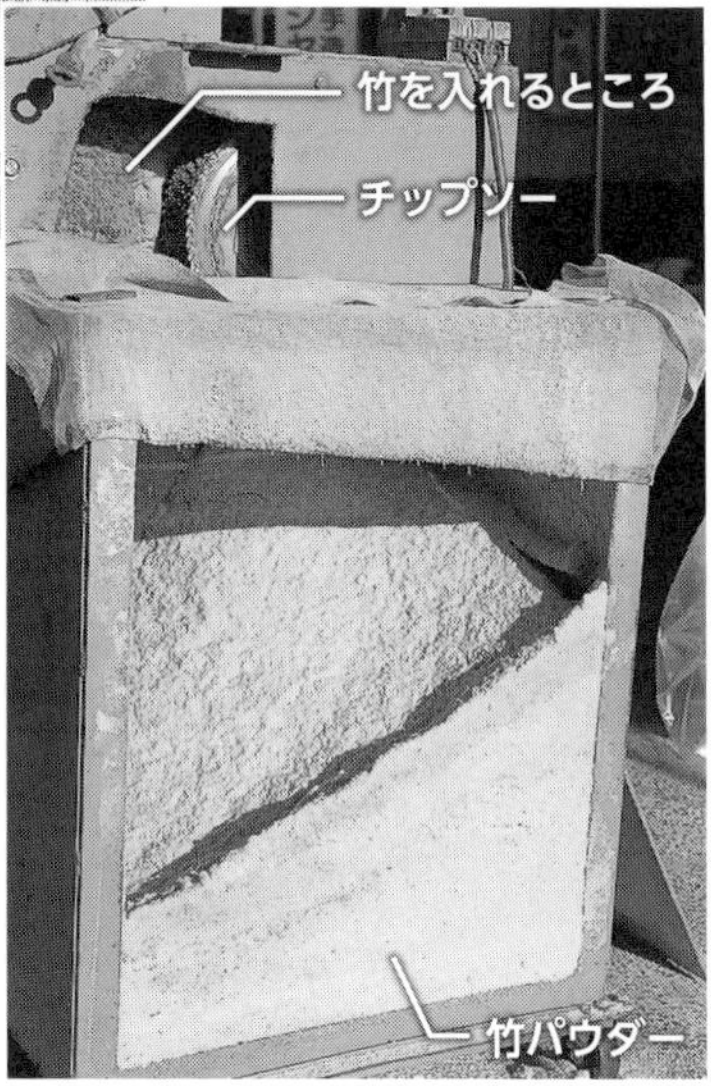

竹粉砕機の前面のカバーをはずしたところ。刈り払い機のチップソーが20枚重ねてあり、モーターで回転。竹パウダーが下にたまる

② 一次発酵

一次発酵中の竹パウダー。育苗ハウスの中で、厚手のポリ袋に24kgずつ入れて密閉。2～3週間で甘酸っぱい香りに

竹パウダーはまわりでも広まっていますよ。

葉物をつくっている人に頼まれて、竹粉砕機を貸したんです。竹パウダーを使ってみたんでしょうね。今までとは「ぜんぜん違う」といっていました。

それから近所の果樹農家にも竹パウダーをつくってあげました。去年、ここらへんではナシが不作で3割減だったんですが、その人は大玉ばかりで「逆にプラスになった」と喜んでいます。キウイフルーツとカキはもう「すごい」の一言。実際、見に行くと、ブドウのように鈴なりですからね。

そうそう、漬物を漬ける人にも。竹パウダーをヌカ床に混ぜたら、イヤなニオイがしなくなったそうです。うま味が増して、まろやかに。

③ 二次発酵

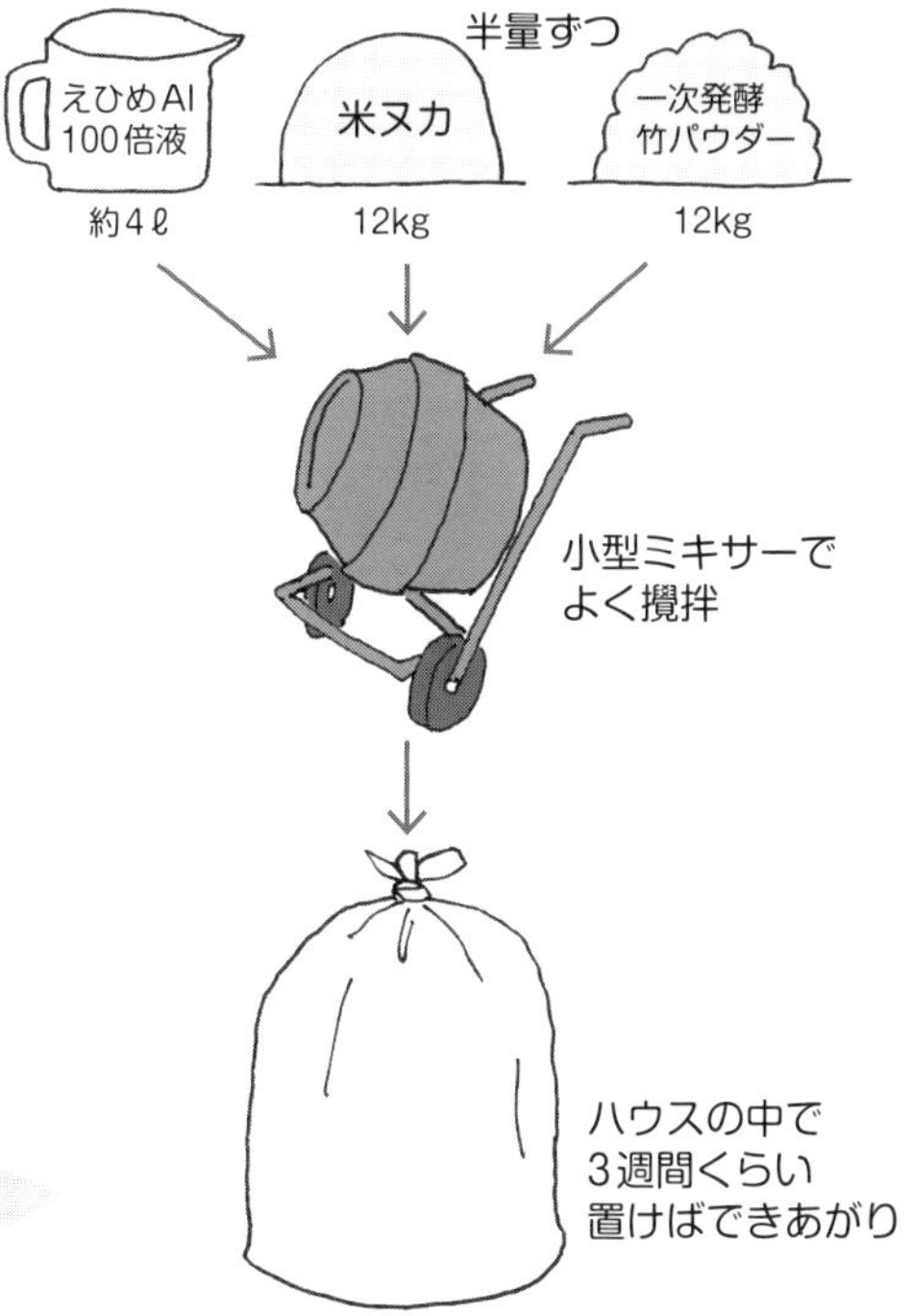

ます。米のうま味や甘味が増し、お客さんから好評です。「冷めても味が変わらない」といわれます。

イチジクでは2月頃、ウネの上に発酵鶏糞と有機化成肥料をまいてから、ボカシを散布。さらに堆肥を載せます。鶏糞と有機化成はチッソ飢餓を防ぐため、堆肥はボカシが風で飛ばされないようにするためです。

これでイチジクが変わりました。まず結果枝の節間が短くなり、葉が小さく厚くなり、果実が大きくなりました。味もぜんぜん違います。以前はただ甘いだけであっさりしていましたが、今は奥の深い濃厚な甘味。当農園オリジナルの味になりました。糖度は毎年18～22度を維持しており、それを超えることもあります。

タダでもらう廃品で、

極上ヒジキボカシ

大分県豊後大野市・西 文正さん

「ボカシの材料にヒジキを入れたら、野菜がますますおいしくなった」

というのは、西文正さん（77歳）。そのボカシ肥料を使うと、野菜はもちろん、米の食味値もはっきり上がり、果樹も糖度が2度くらい上がってしまうという。

「ヒジキはミネラルが豊富。発酵させて使うことで、作物に微量要素がしっかり効くんじゃないかな」

ヒジキはふりかけ工場から廃品をタダでもらえる。廃品といっても、そのまま食べられるような代物だ。

そのヒジキを、鶏糞や油粕、珪鉄《けいてつ》（ケイ酸、鉄、マンガンなどを含む土壌改良材）、種ボカシと混ぜて発酵させる。ヒジキボカシだ。

ヒジキボカシの材料は右のとおり。米ヌカとセルカ（カキ殻石灰）を、微生物資材のバイムフード（94ページ）で発酵させてつくる、通称「文ちゃんボカシ」を種菌にする。大量の微生物が、ヒジキの持つミネラルをガッチリ引き出すということだろう。

文ちゃんボカシ（種ボカシ）の割合

米ヌカ	：300kg
バイムフード	：3～5kg（1袋5kg）
セルカ	：60kg
水	：40～50ℓ

ヒジキボカシの割合

種ボカシ	：100～200kg
鶏　糞	：1 t
珪　鉄	：600～800kg
油　粕	：400kg
ヒジキ	：300～400kg
水	：少なめ。握ってパラっと崩れる程度

※近所の人の分も含めて、頻繁に大量につくる。上記は最近仕込んだ際の分量

ヒジキは乾燥または半生状態で届き、塩気はほとんどない

西文正さんと、ボカシに入れるヒジキ（ホンダワラの一種）

台所発酵液ボカシ

熊本県合志市・村上カツ子

ここ数年は野菜畑が2haほどに増えたのでやれていないのですが、年末から年明けにかけてボカシもつくります。このボカシは『現代農業』の記事を参考に自分で考えたもので、畑に薄く振っただけでも野菜のきめが細かくなり、甘くなります。

12月のもちつきのときに出る米のとぎ汁3斗ぐらいに黒砂糖、納豆、ヨーグルト、イースト菌を入れ、20日間ほどおきます。この間、とぎ汁は盛んにブクブクと発酵します。ビニールの上に、米ヌカ、魚粉、大豆粕、油粕を積み、そこへ発酵させたとぎ汁を混ぜて攪拌します。さらに水を加え、丸めた材料を1mぐらいの高さから落として二つに割れるぐらいの硬さにします。発酵してきたら切り返しを続け、温度が上がらないように薄く広げます。温度が下がってきて発酵がすんだら黒のポリ袋を二重にして入れて納屋に積んでおきます。畑に使うときは堆肥や化学肥料はいつもどおりの量で、ボカシは余分に入れています。

台所発酵液ボカシのつくり方

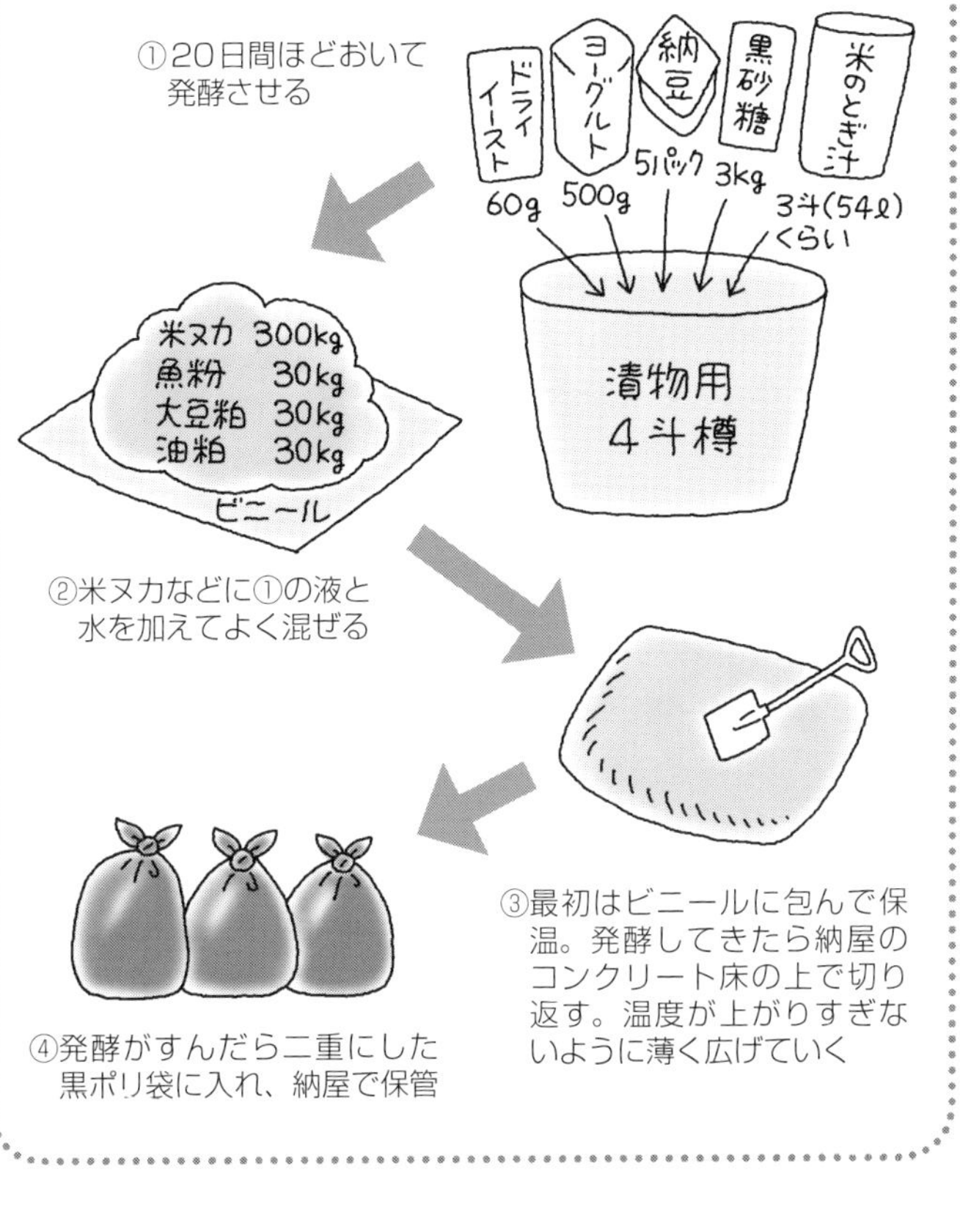
①20日間ほどおいて発酵させる
ドライイースト
60g
ヨーグルト
500g
納豆
5パック
黒砂糖
3kg
米のとぎ汁
3斗(54ℓ)くらい
漬物用4斗樽
米ヌカ 300kg
魚粉 30kg
大豆粕 30kg
油粕 30kg
ビニール
②米ヌカなどに①の液と水を加えてよく混ぜる
③最初はビニールに包んで保温。発酵してきたら納屋のコンクリート床の上で切り返す。温度が上がりすぎないように薄く広げていく
④発酵がすんだら二重にした黒ポリ袋に入れ、納屋で保管

化学肥料ボカシのつくり方

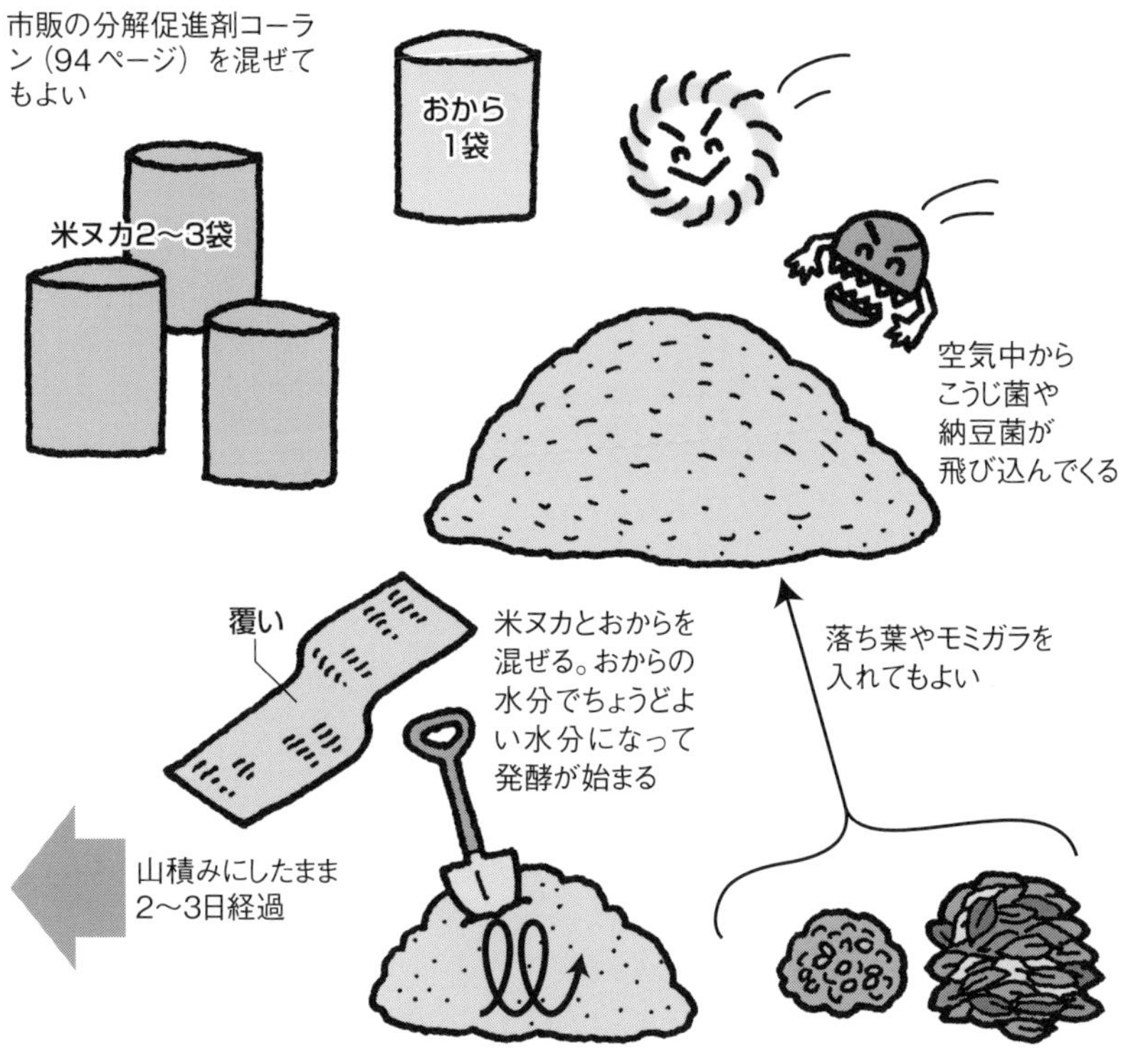
市販の分解促進剤コーラン（94ページ）を混ぜてもよい
おから1袋
米ヌカ2〜3袋
空気中からこうじ菌や納豆菌が飛び込んでくる
覆い
米ヌカとおからを混ぜる。おからの水分でちょうどよい水分になって発酵が始まる
落ち葉やモミガラを入れてもよい
山積みにしたまま2〜3日経過

土着菌を活かして10日でできる化学肥料ボカシ

編集部

　化学肥料をボカシにすると肥料が節約できる。ふつうは米ヌカなどの有機物を発酵させてつくるのがボカシ肥。化学肥料ボカシは、有機物の発酵の過程で化学肥料を加え、無機態の肥料成分を錯体《さくたい》化《か》（菌体に取り込む）・キレート化（有機酸やアミノ酸で挟み込む）することで、利用率を大幅に高める。

　41ページの薄上秀男さん（薄上発酵研究所）は、ふだんからこの化学肥料ボカシを愛用している。化学肥料ボカシにすることで、とくに土に

薄上秀男さん

●熱が出てきたら、硫安・過リン酸石灰・塩化カリを合わせて1kg混ぜ、撹拌。

●さらに2日後、再び発熱してきたら、同じく各肥料を合わせて2kg混ぜ撹拌。

●以後、1日ごとに、各肥料を混ぜてを4kg、8kg、16kgと倍々に増やしながら、混ぜては撹拌するのをくり返していく

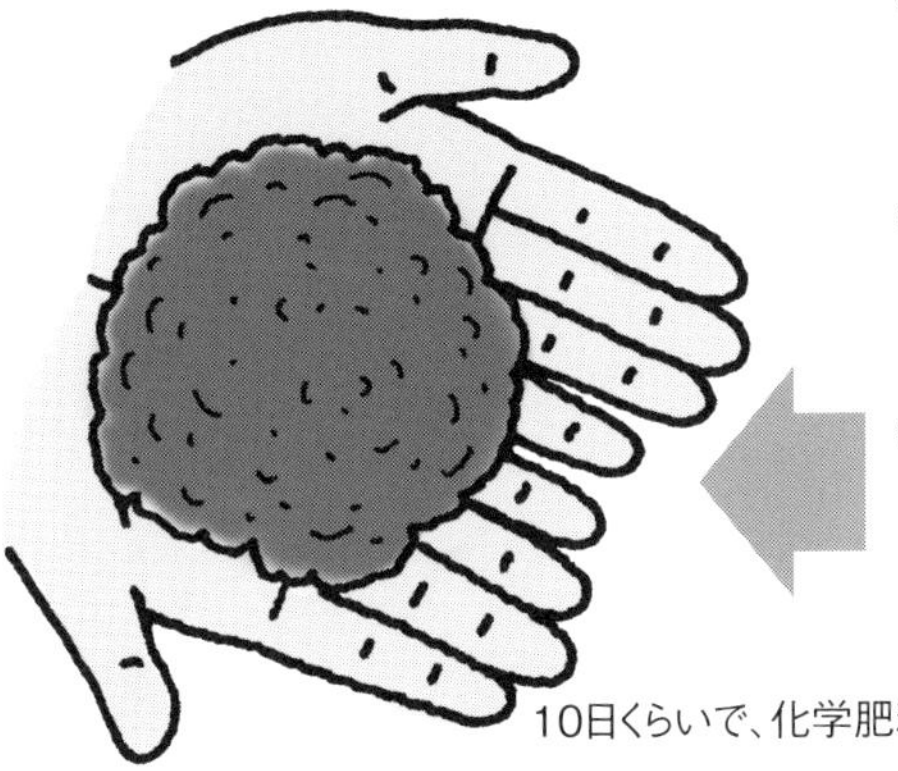

10日くらいで、化学肥料ボカシの完成

固定されやすいリン酸は、過リン酸石灰などのまま施すのに比べて軽く倍はよく効くし、砂地で流れやすいチッソやカリも、菌に取り込んで有機化することで流亡しにくくなる。ボカシ肥の成分は、チッソでもリン酸でもふつうはせいぜい5～7％くらいだが、化学肥料ボカシならチッソ10％のボカシも可能だ。

薄上さんによると、本当は、①こうじ菌、②納豆菌、③乳酸菌＋酵母菌という3段階の発酵をさせる発酵肥料をつくりながら化学肥料を加えるのが理想だが（化成肥料でもつくれる）、単肥を使うなら上の図のようなやり方でもできる。

「何も面倒なことはない。ハウスの中で、次々おからをもらっては米ヌカを混ぜ、撹拌して発酵させたところに化学肥料を足していけばいいんですよ」と薄上さん。

生ゴミ・生鶏糞密閉ボカシ

公益財団法人自然農法国際研究開発センター　山田研吾

生ゴミ・生鶏糞が腐敗しにくくなる

発酵系の微生物は自然界にも多く存在し、なかには培養されて市販されているものまでさまざまある。その利用のアイデアは各所で紹介されているが、我々は乳酸菌と酵母を主体とする菌種を同一条件で培養した資材（以下ＥＭ）をおもに使用してきたので、ＥＭで発酵させた有機物（ＥＭボカシ）を通して得た有機物の発酵利用について記述する。

発酵も腐敗も有機物分解の一過程であり、自然界ではその両方が併行して行なわれている。身近な有機物のなかでも落ち葉や刈り草、せん定枝などは腐敗しにくく、堆肥つくりや圃場に直接敷くなどして利用することができる。

いっぽう生ゴミや生鶏糞など微生物が利用しやすい糖やチッソを多く含む易分解性の有機物は、放置すれば腐敗して悪臭が発生するため、そのまま利用することは難しい。

しかしそんな厄介な有機物でも、乳酸菌が働きやすい環境をつくってやれば、生成される乳酸が腐敗の原因となるほかの微生物の発生を抑えるため、悪臭を発することなく利用することができるのである。

放っておいてもボカシができる

乳酸菌を働かせるために注意しなければならないのは、まず水分調整と温度である。乳酸菌は、微好気状態（酸素が若干あるくらいの状態）でもっとも盛んに活動するため、水分が少なすぎてパサパサした状態ではいつまで経っても発酵は進まない。

しかし反対に水分が多すぎて酸素が極端に少なくなってしまうと、乳酸菌が活動できずに腐敗の原因になる微生物のほうが殖えてしまうため、黒っぽくなって極めて強い悪臭を発するようになる。

そこでＥＭボカシをつくるときは、材料の水分を30～35％に調整する。ただし容器に密閉したうえで、容器内に隙間をつくらない。水分30～35％は、手で握ってみてかたまりができ、かつ20～30㎝程度の高さから落として2~3のかたまりに割れる程度の水分である。

材料は米ヌカがおもであり、施肥効果を高める場合は油粕・魚粕などを加える。

これに糖蜜とEMを加えて密閉容器に詰める。温度は25℃以上が望ましい。あとは直射日光のない比較的温度が安定した暑すぎない場所に置いておくだけで切り返しもせずにボカシができあがる。

このEMボカシを生ゴミなどに加え、同様の水分と温度条件にしてやれば、やはり切り返しもせずにボカシになる。

水分30～35%のチェック法

密閉容器内で乳酸菌を働かせるための最適水分は30～35%。材料をグッと握るとかたまりになり…

指でグッと押すと、あるいは20～30㎝の高さから落とすと2～3のかたまりに割れる程度。加減は、できれば熟練者に教わったほうがいい。また容器に隙間があると、添加した水分や好気的微生物の活動により発生する水蒸気がフタに結露し、垂れて部分的に水分過剰が起こって表面に色とりどりのカビが出ることがあるので、しっかり密閉する

上手にできたEMボカシは、ツンとしたニオイを含む芳しい香りがし、pHは魚粕などが含まれていなければ5・0以下で、水に入れて振ると早く澄み、1~2日くらい水に浸けておいても悪臭は発生しない。ツンとしたニオイのもとは、乳酸とアルコールが化合したエステルといわれている。

腐敗せずに長期熟成できる

EMボカシができる過程をみると、仕込み当初は糖蜜によって好気的な微生物が容器内の酸素を使って一時的に増殖する。しかしそうやって酸素を消費することが乳酸菌の活動に適当な環境をつくるためか、後には乳酸菌と酵母菌が相対的に高く優占してくる。ピークは仕込みからおよそ1~2カ月で、やがてエサとなる糖分の量が減るに従って乳酸菌

や酵母の数も減少する。

その間も生成物である乳酸量は徐々に増加し、pHは低下。腐敗の原因となる微生物の活動が抑えられるために米ヌカや魚粕などは腐敗せず、水分と温度さえ安定していれば長期（1年以上）にわたって熟成させることができ、徐々にタンパク質がアミノ酸に分解されていく。

以上のように発酵したボカシは単なる肥料ではなく、アミノ酸などの微生物代謝物を含み、乳酸菌や酵母菌など有用微生物のタネ菌としても働く。したがって農業分野のみならず、生ゴミ処理や水質浄化といった幅広い分野に応用して使われているのである。

EMボカシの使い方と注意点

①すき込み後は十分に時間をおく

EMボカシの利用にあたって多く見られる失敗は、すき込んですぐに播種または定植する事例である。

何度も切り返しをしてさまざまな微生物によって分解を進めた完熟堆肥は、野山の腐葉土と同じようなものである。しかしボカシは、酸素の少ない状態に置くことで分解が途中で止まっている状態の有機物。乳酸菌や酵母などの有用微生物は殖えているが、有機物としては未熟であり、土壌に施用して好気的な条件におかれると急激な分解が起こる。

このときに有用微生物が優先的に殖えて土壌病原菌などの活動を抑える働きがあるのだが、いっぽうで分解に伴うアンモニアや酸なども発生するため、すき込み直後に作物の播種や定植を行なうと、発芽不良や根焼け症状を起こすことがある。

実験的にEMボカシを28℃の条件下で土壌と混和すると、約30日で無機化が終了した。したがって実際の畑ですき込む場合は、夏場なら約30日以上、冬場なら90〜100日以上の期間をあけることが望まれる。できれば作付け前の施肥的な使い方ではなく、作物収穫後の早い時期にタネ菌として残渣とともにすき込むほうが、効果的であり失敗が少ない。

②表層施用が効果的

発酵生ゴミなどは犬や猫に掘り返されることもあるので、地表面から30㎝以上の深さに溝を掘って埋め込むことが多い。しかしその溝に水がたまると、腐敗して病気などを誘発することがある。とくに河川敷や水田の転換畑または雨の多い年には、埋め込んだ場所が過湿状態になっていることがある。

したがって畑の排水や地下水位に不安があるときは溝施用はやめて、すき込みかごく表層付近への施用を行なったほうがよい。

基本的なEMボカシのつくり方

材料

米ヌカ…… 3.2～3.5kg
モミガラ… 320～350g
EM活性液
（EM1… 10～15cc
糖蜜…… 10～15cc
水……… 1.1ℓ）

※EMの入手先は94ページ

① EM活性液をつくる

1）100ccの沸かしたお湯に糖蜜を溶かす
2）1）の液を1ℓの水に入れ、そこにEM1を加える
3）ペットボトルなどの密閉容器に入れ、3昼夜くらい置く

② ①をモミガラに混ぜる

手でもむようにして十分になじませる。①は全部使いきらなくてもいい

③ 米ヌカに②を混ぜる

よく混ぜたあと、水分が足りないようなら（87ページの写真のようにならないなら）①を加えて調整する

④ 密閉容器に入れて発酵させる

容器をトントンと床につけて空気を抜きながら③を入れる

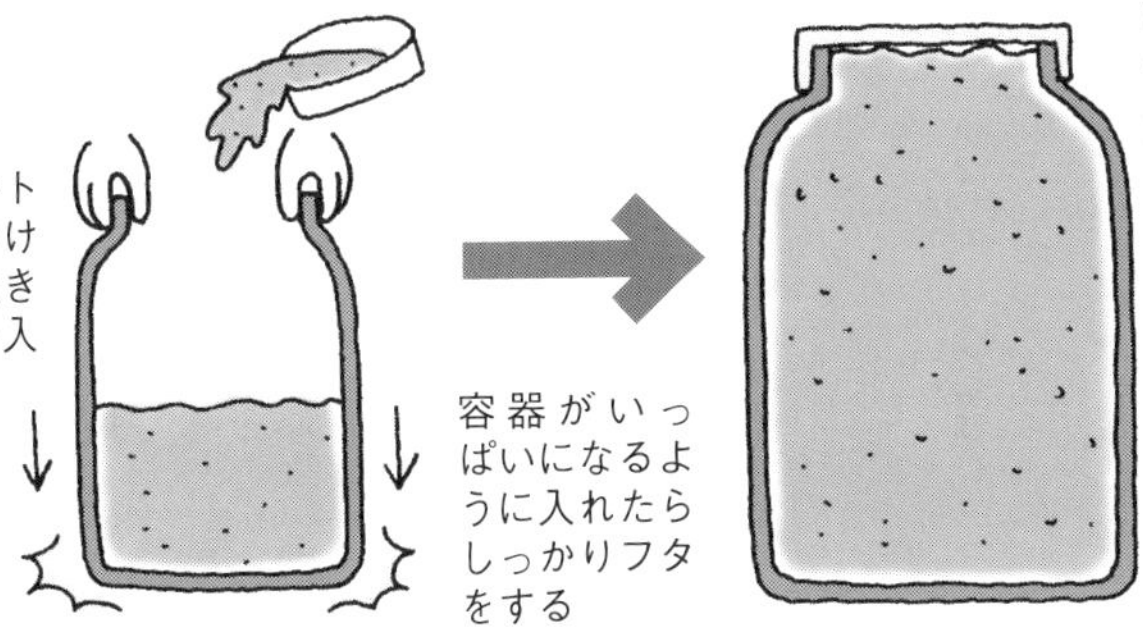
容器がいっぱいになるように入れたらしっかりフタをする

20～40℃の場所に1カ月以上置き、甘酸っぱいニオイがしてきたらできあがり

とくに作物の発芽揃い後あるいは定植後に施用する場合は、地表面に施用するのが効果的である。地表面で分解された成分が順に土壌にしみこんでいくので、初期の根を傷めることなく施肥効果を得られる。露地栽培では適度に降雨があることが前提だが、ハウス栽培でもかん水を多めに行なうことで同じ効果が得られる。

さらに発酵有機物に日光や雨が直接当たらないように刈った草などで覆っておくと、土壌動物や土壌微生物などの生きもののすみかになり、土壌の団粒化が進む。もちろんEMボカシ自体もミミズやダニなどのエサとなって土壌動物の活性を高める。

図解

米ヌカ&竹パウダー 嫌気性発酵ボカシ、好気性発酵ボカシ 何が違う？

嫌気性発酵ボカシのいいところ

つくるのがラク

材料を混ぜて密閉しておけばいい。切り返しの手間がかからない

養分ロスがない

嫌気性発酵で殖える乳酸菌や酵母は、有機物を分解するというよりほかの微生物が分解しやすい状態にする。いわゆる漬物状態。分解は進まないので、チッソがガス化したりすることはない

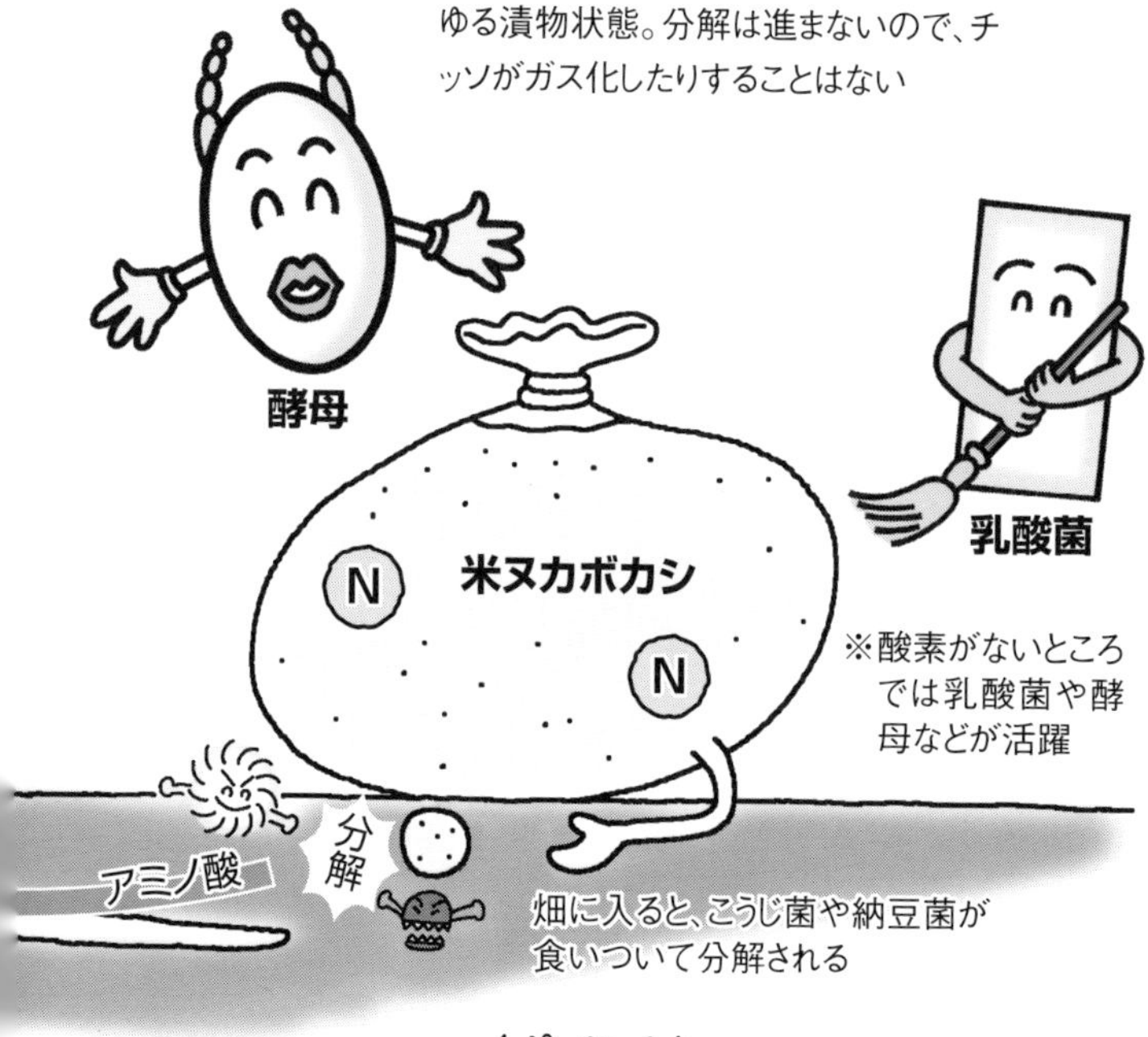

酵母
乳酸菌
米ヌカボカシ
N
N
※酸素がないところでは乳酸菌や酵母などが活躍
アミノ酸
分解
畑に入ると、こうじ菌や納豆菌が食いついて分解される

〈ポイント〉

- 材料はよく混ぜてから袋などに仕込まないと、発酵ムラができる
- 有機物を生のまま土中に入れると作物の根に悪さをするが、嫌気性発酵させると土中に入れても害が出ない

好気性発酵ボカシのいいところ

早く効く

好気性発酵で殖えるこうじ菌や納豆菌は、有機物を糖やアミノ酸に分解するのが得意。できあがったボカシはアミノ酸などが多く含まれるので、作物はそれを肥料分としてすぐに吸収できる

仕上がりが早い

酸素のあるなしで微生物の活性は大きく違う。酸素が使える好気性発酵だと、微生物の活性が非常に高まり高温になる。嫌気性発酵に比べて発酵が早い

仕上がりにムラがない

切り返しをしながらつくるので、ムラが出にくい

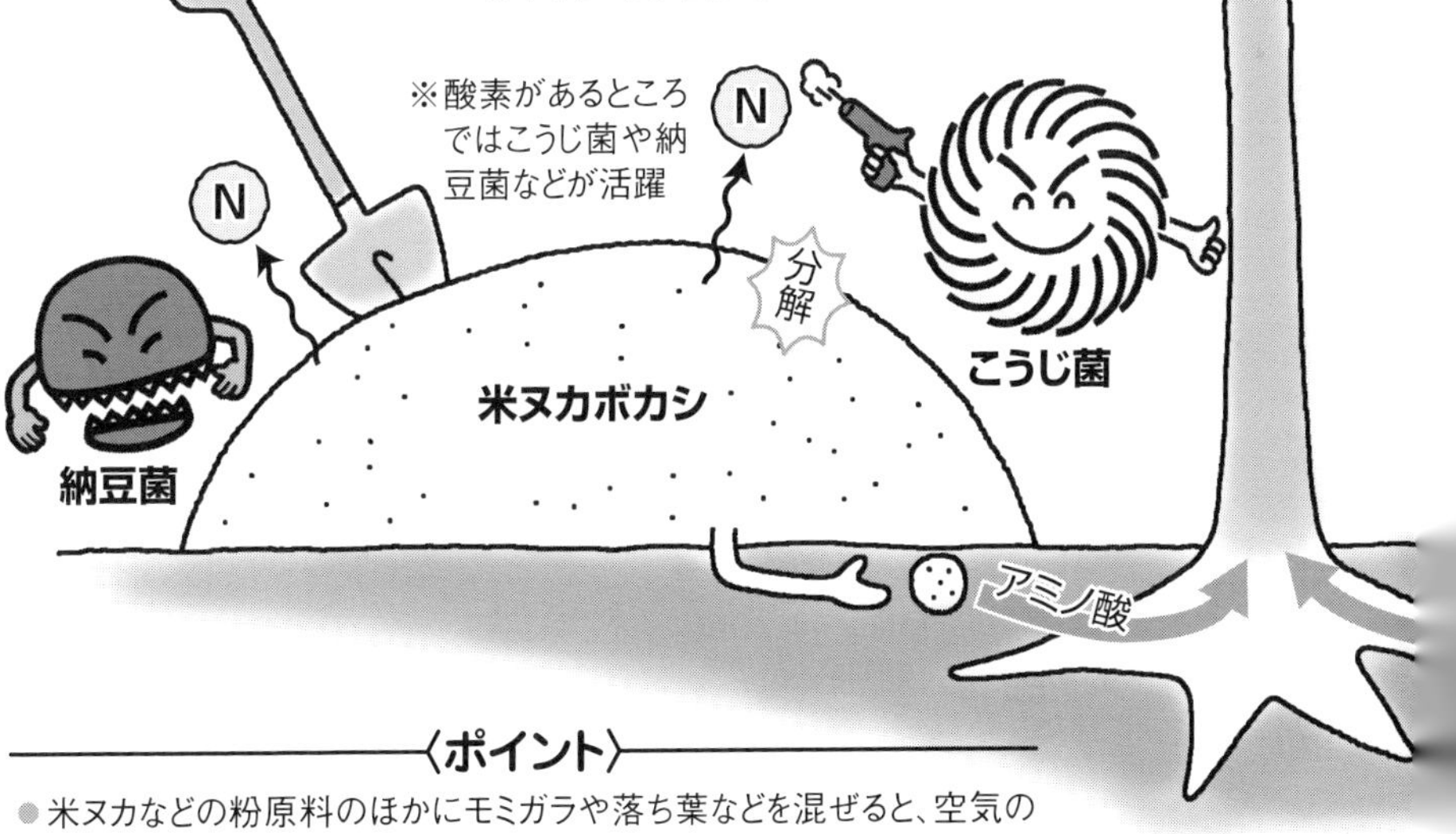

〈ポイント〉

- 米ヌカなどの粉原料のほかにモミガラや落ち葉などを混ぜると、空気の層が確保されて好気性発酵しやすい
- チッソが多いと微生物の活性が高くなりすぎて、分解がどんどん進み、チッソがガス化して放出されてしまう。50℃以上になったら切り返しをして温度を下げたほうがいい（米ヌカ中心ならそれほど温度は上がらない）

米ヌカはどちらの発酵も得意

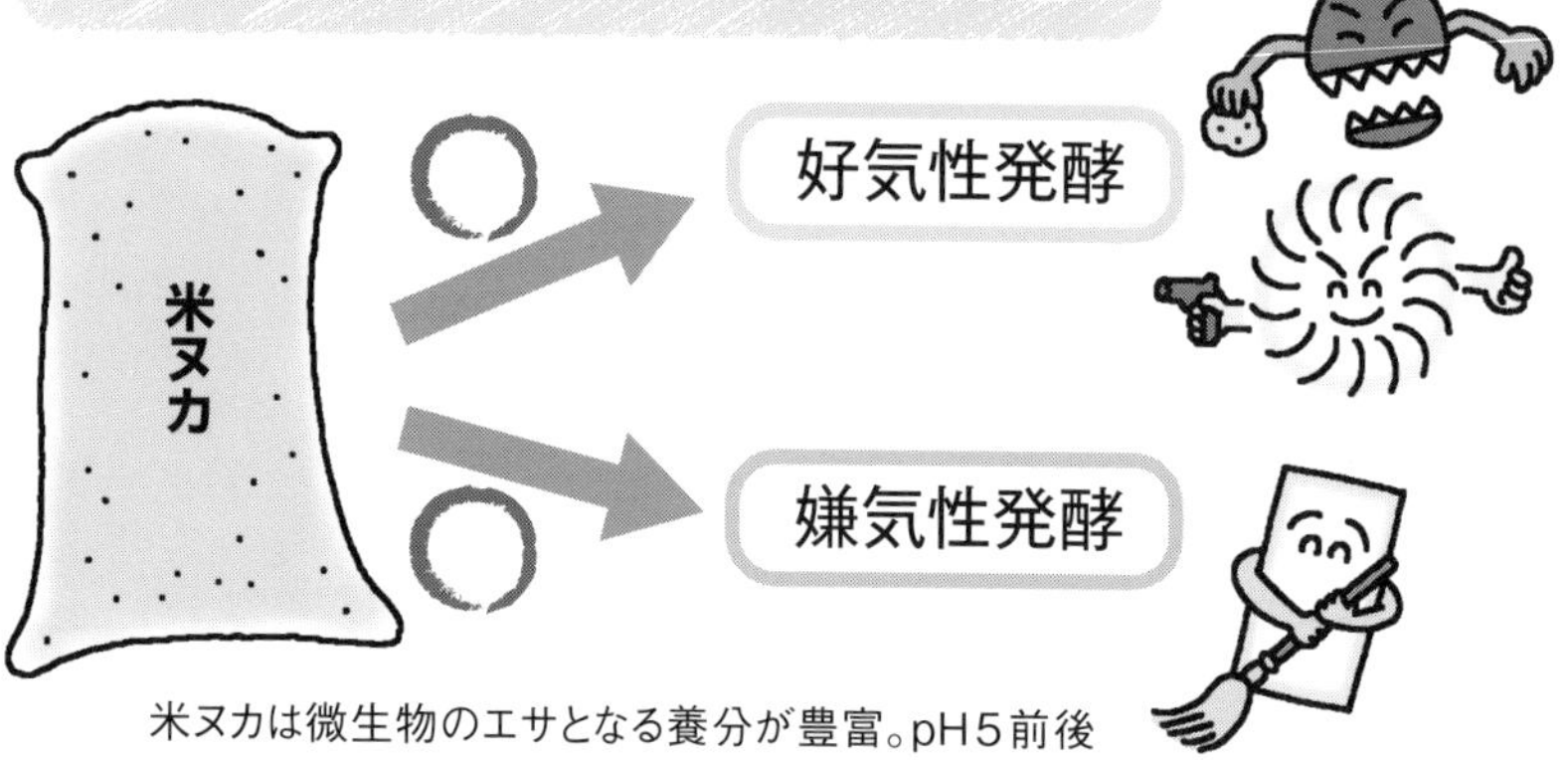

米ヌカは微生物のエサとなる養分が豊富。pH５前後の微酸性で、酸性を好む乳酸菌にとっては格好のエサ。嫌気状態にすると一気に殖える。いっぽう、こうじ菌も微酸性が大好き。好気状態にすると一気に殖える

竹パウダーを好気性発酵させるには チッソが必要

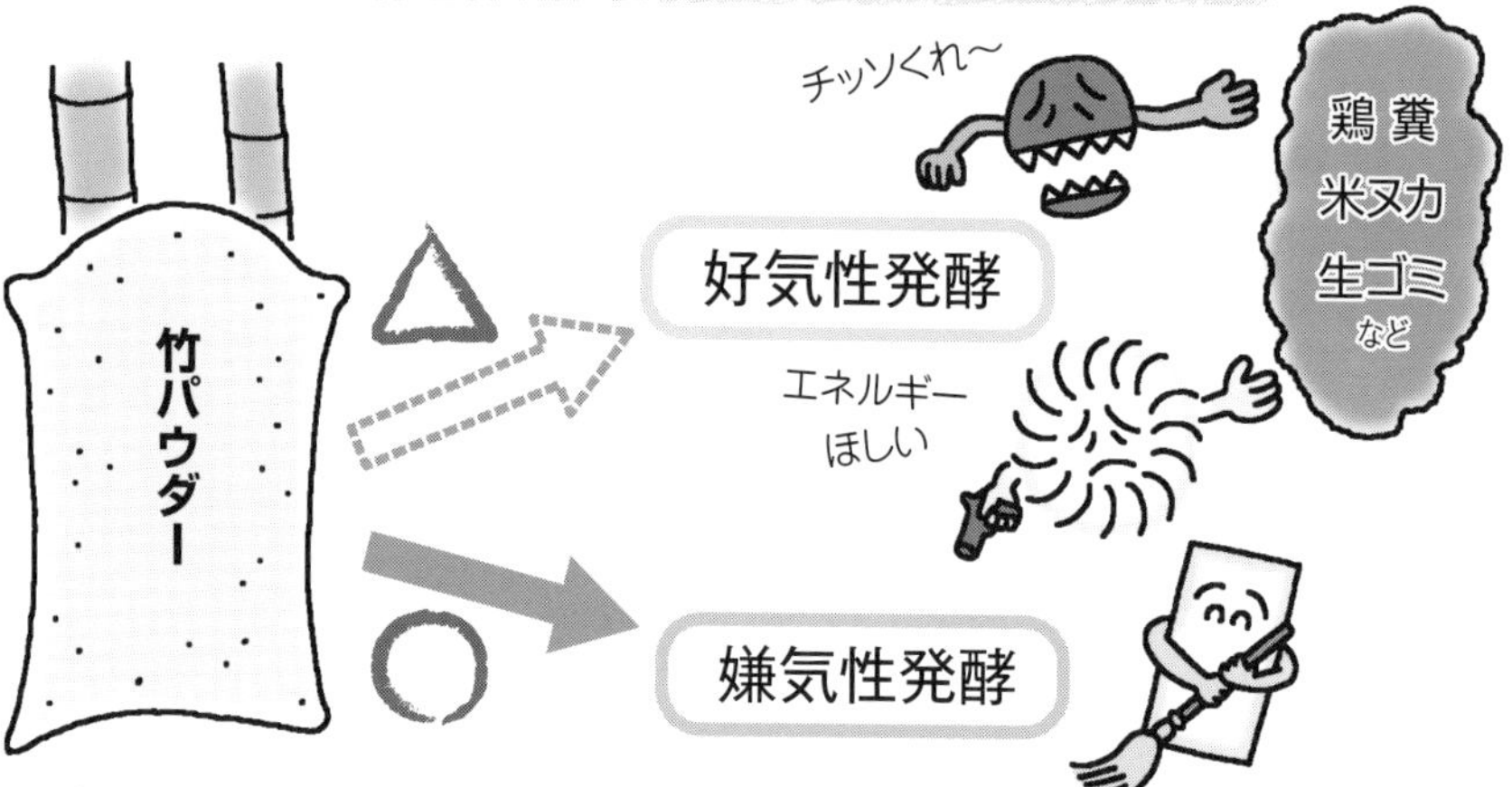

竹パウダーも米ヌカと同じpH5前後の微酸性。糖分が多いので乳酸菌にとっては格好のエサ。嫌気状態にすると一気に殖える。いっぽう、好気状態にすると、こうじ菌や納豆菌なども食いつくが、チッソ分が少ない竹パウダーでは発酵が持続しない。米ヌカや鶏糞、生ゴミなどのチッソ分が豊富なものを混ぜてやればうまくいく

2段階発酵なら 1カ月で、養分が抜けないボカシに

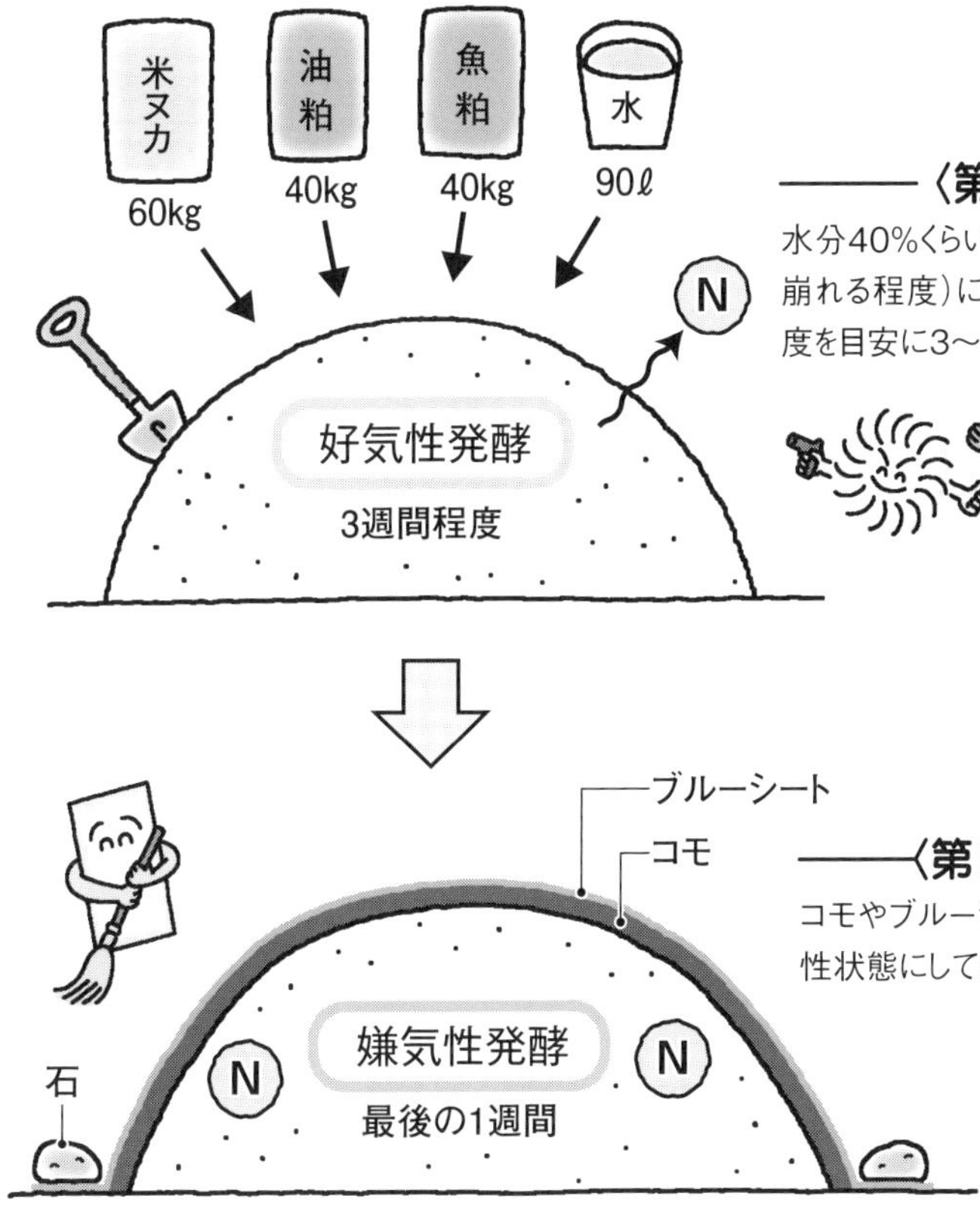

〈第1段階〉

水分40%くらい（手で握ったあとに少し崩れる程度）に調整しながら、50～60度を目安に3～4回切り返す

〈第2段階〉

コモやブルーシートをかけて嫌気性状態にして熟成させる

米ヌカや油粕、魚粕などのチッソ分の多い有機物を使って短期間でボカシをつくるために好気性発酵させると、温度がどんどん上がり、途中でアンモニア臭が強くなってくる（チッソがガス化する）。それを抑えるために後半は空気を遮断してやると、乳酸菌が殖え、pHを下げてアンモニアの発生を抑えてくれる。チッソが抜けないので、肥料として効くボカシになる

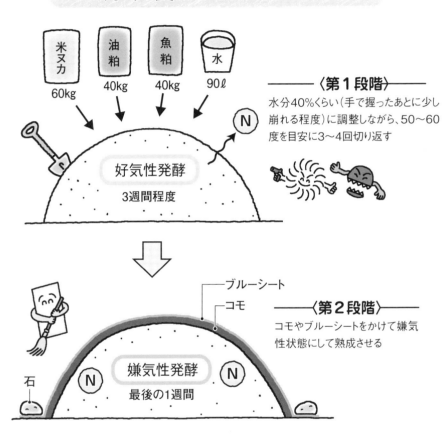

有機物の発酵促進に使う市販の微生物資材一覧

（会社名アイウエオ順）

資材名	会社名	住所	連絡先
光合成細菌元菌 耐熱性バチルス菌	㈲青山商店	愛知県岡崎市	TEL0564-51-9331 FAX0564-53-3600
アスカマン21 （好・嫌気性菌）	㈲アスカ	東京都日野市	TEL042-593-5951 FAX042-593-5951
ＥＭ菌（EM1）	㈱ＥＭ研究所	静岡県静岡市	TEL054-277-0221 FAX054-277-0099
バクタモン（BM菌）	岡部産業㈱	兵庫県加東市	TEL0795-42-0386 FAX0795-42-5207
バイムフード（好気性発酵微生物群）	㈱酵素の世界社	滋賀県甲賀市	TEL0748-62-3328 FAX0748-62-8836
コーランネオ （有機物腐熟促進材）	香蘭産業㈱	神奈川県平塚市	TEL0463-55-0528 FAX0463-55-7764
コフナ（好嫌気性複合微生物資材）	ニチモウ㈱ （コフナ農法普及協議会）	東京都品川区	TEL03-3458-4369 FAX03-3458-4329
ラクト・バチルス（乳酸菌・酵母複合材）	日本有機㈱	鹿児島県曽於市	TEL0986-76-1091 FAX0986-76-6554
ラクトヒロックス （乳酸菌・酵母含有複合発酵菌資材）	㈱廣商	熊本県合志市	TEL096-348-2025 FAX096-242-5224
VS34・VSあかきん （国産バーミキュライト担体の放線菌・細菌・糸状菌）	ブイエス科工㈱	東京都港区	TEL03-3434-5617 FAX03-3434-5495
バクヤーゼ（高温発酵微生物資材）	㈱ミズホ	愛知県名古屋市	TEL052-763-4171 FAX052-761-3771
カルスNC-R （複合微生物資材）	リサール酵産㈱	埼玉県 さいたま市	TEL048-668-3301 FAX048-668-3315

＊参照『ボカシ肥のつくり方使い方』（農文協刊）
＊農文協ＨＰ「雑誌広告ナビ」（http://www.ruralnet.or.jp/sizai/）でも調べることができます

第4章

堆肥のつくり方使い方

堆肥のつくり方の話

藤原俊六郎さん（13ページ）、失敗したらイヤなんで堆肥やボカシを自分でつくったことないんですけど……。

まずは水分さえ気をつければ大丈夫。握ってわずかに水がにじむ程度がベストです。

微生物が増殖する最適な水分含量は50～60％。水分が少なすぎると微生物は活動できなくなり、逆に多すぎると嫌気発酵状態になります。嫌気性菌が活躍すると、有機酸などの生育阻害物質、硫黄化合物や揮発性脂肪酸などができて悪臭が発生することがあります。20ページで紹介したように、一般的にはこれを「腐敗」と呼んでいます。

とはいっても、水分含量50～60％ってどれくらいかわかりませんよね。目安は、積み込んだ材料を手で強く握って、わずかに水がにじむ程度。それが水分60％くらいです。

握って、手に湿り気を感じなければ40％程度。乾燥気味なので、水を足してください。

水が滴り落ちるようであれば水分過多なので、乾いたイナワラやモミガラ、オガクズなどを混ぜて調整し

図１　水分60%の目安

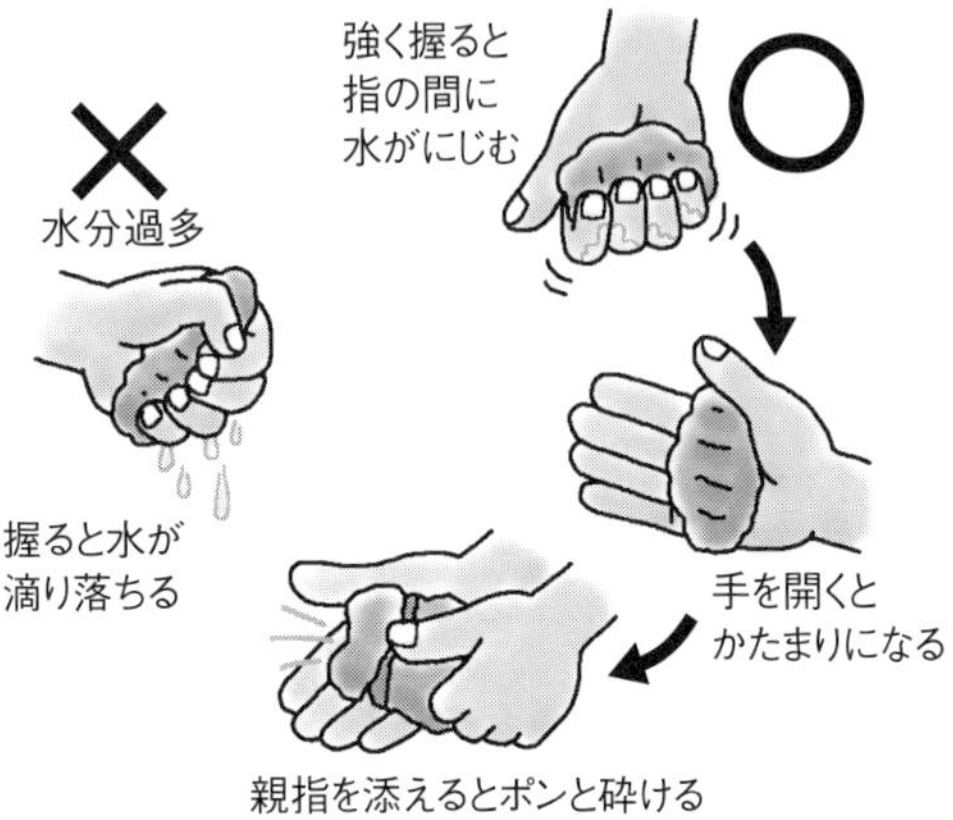
強く握ると
指の間に
水がにじむ
○
×
水分過多
握ると水が
滴り落ちる
手を開くと
かたまりになる
親指を添えるとポンと砕ける

てください。オガクズを利用する場合は広葉樹がおすすめです。針葉樹の中では、マツ類の分解が早いようです。また、キノコの廃菌床もいいですね。キノコ菌がリグニンの分解を進めていて、フスマなど栄養分も含み、非常に堆肥化しやすい材料です。含水率はやや高めですが、全体を軽くしてくれ（比重を下げる）、通気性の改善に役立ちます。

腐敗してしまった堆肥は土にすき込んでよくかき混ぜ、2週間以上は土壌中で分解を進めるといいでしょう。

Q 通気性も大事なんですね。

A だから、切り返しが必要なんです。

水分が多く酸素不足の状態が続くと、やはり嫌気性菌の活動が活発になります。しかし隙間があきすぎていては、堆肥の温度が十分に上がりません。適切な通気性の目安になるのは比重（容積重）です。含水率が50～60％で、通気性が十分あるときの比重が0・5。そこに合わせればいい。

比重を計るのは簡単です。10ℓ容量のバケツに堆肥を詰めて重さを計り、それが5kgなら比重0・5、つまり適切です。あっという間にわかりますね。6kg（比重0・6）以上あった場合は、乾燥したオガクズや廃菌床を混ぜて、比重を下げてやります。逆に軽い場合は、水を加えて調整します。

こうして適切な水分量、比重で堆肥を積み込んでも、積みっぱなしにしていると内部の水分や通気性が変わってしまいます。有機物が分解して二酸化炭素と水になるからです。また内側と外側では、分解の程度

図2　簡単な比重の計り方

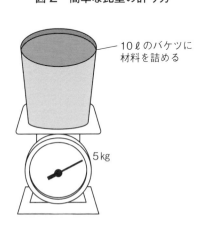

10ℓの重さが5kgなら比重は0.5（理想値）

が違います。そこで時々切り返して、中に空気を入れながら混ぜてやるわけです。

たとえば家畜糞堆肥なら、積み込んで2～3週間後に1回切り返して、さらに3～4週間後にもう一度切り返す。これで夏なら3カ月、冬なら4～5カ月で完成です。

分解しにくいせん定枝が材料の場合は、毎月1回切り返して半年程度で完成。とくに硬くて葉が少ない冬のせん定枝や針葉樹が多い場合は、1年程度かけて堆肥化します。途中で水分が減ってくるので、時々散水も必要です。

Q 微生物に活躍してもらうにはpHも大事って聞きましたけど？

A 有機物の分解が活発になるのはpH7～8。でも、堆肥つくりではとくに気にしなくてもいいでしょう。

pHは微生物の種類に影響します。細菌は中性域を好み、糸状菌はpH6以下の酸性域を好む特性があります。酸性土壌で病気が増えるのは、病原菌の多くが酸性を好む糸状菌（フザリウムなど）だからです。

有機物の分解はpH7～8程度でもっとも活発になります。土壌中の分解でみれば、pH5の土壌をpH6・5に矯正すると、有機物の分解が約30％促進されたという報告もあります。

ただし、堆肥化の過程ではアンモニアが発生するため、自然とアルカリ性となります（pH8を超えるとアンモニア臭が強くなる）。とくに意識しなくても、分解に適した状態になるんです。

Q 堆肥の材料は何でもいいの？

A 材料のC／N比に気をつけて選びます。C／N比を一覧にしましょう。

堆肥の材料は、つまり微生物のエサです。微生物のエネルギー源となる炭素（C）と、体をつくるチッソ（N）が欠かせません（そのほかリン酸などのミネラル類も必要）。

チッソはタンパク質を構成する物質で、微生物の体は主としてそのタンパク質からできています。また、

化学肥料主体の施肥から牛糞堆肥と鶏糞堆肥の施肥に切り替え、肥料代が10分の1になっても生育がいいコマツナ

微生物が活動をするためのエネルギーは炭素化合物から呼吸によって取り出しています。

少し難しいので、炭素とチッソは微生物にとってのご飯（エネルギー）とおかず（肉や魚などのタンパク質）のようなもの、と考えましょう。

堆肥の材料となるすべての有機物には炭素もチッソも含まれていますが、素材によって炭素が多めのもの、チッソが多めのものとがあります。その割合を表わしたのがC／N比（炭素率）です。

微生物が一番よく分解し活動できる、理想的なバランスはC／N比20～30。つまり炭素がチッソの20～30倍含まれているエサです。それより炭素が多い（C／N比が高い）と食べにくく（分解しにくい）、チッソが多い（C／N比が低い）と食べやすい（分解しやすい）エサといえます。図の中でいえば、竹やバーク、モミガラはかなり分解しにくく、鶏糞や豚糞などはかなり分解しやすいエサですね。

ただし、ムギワラとせん定枝を比べると、ムギワラのほうがC／N比は高いのに、微生物にとってはせん定枝よりも分解しやすい有機物といえます。ムギワラにはタンパク質や脂質、ヘミセルロースといった分解されやすい「易分解性有機物」が多く、せん定枝はセルロースやリグニンといった分解されにくい「難分解性有機物」に覆われているからです。分解されにくい材料も、チップに粉砕するなどすれば微生物が食いつきやすくなったりします。

炭素とチッソは、
オレたち微生物にとっての
ご飯（エネルギー）と
おかず（肉や魚などの
タンパク質）のようなものです

図3　有機物の分解しやすさ

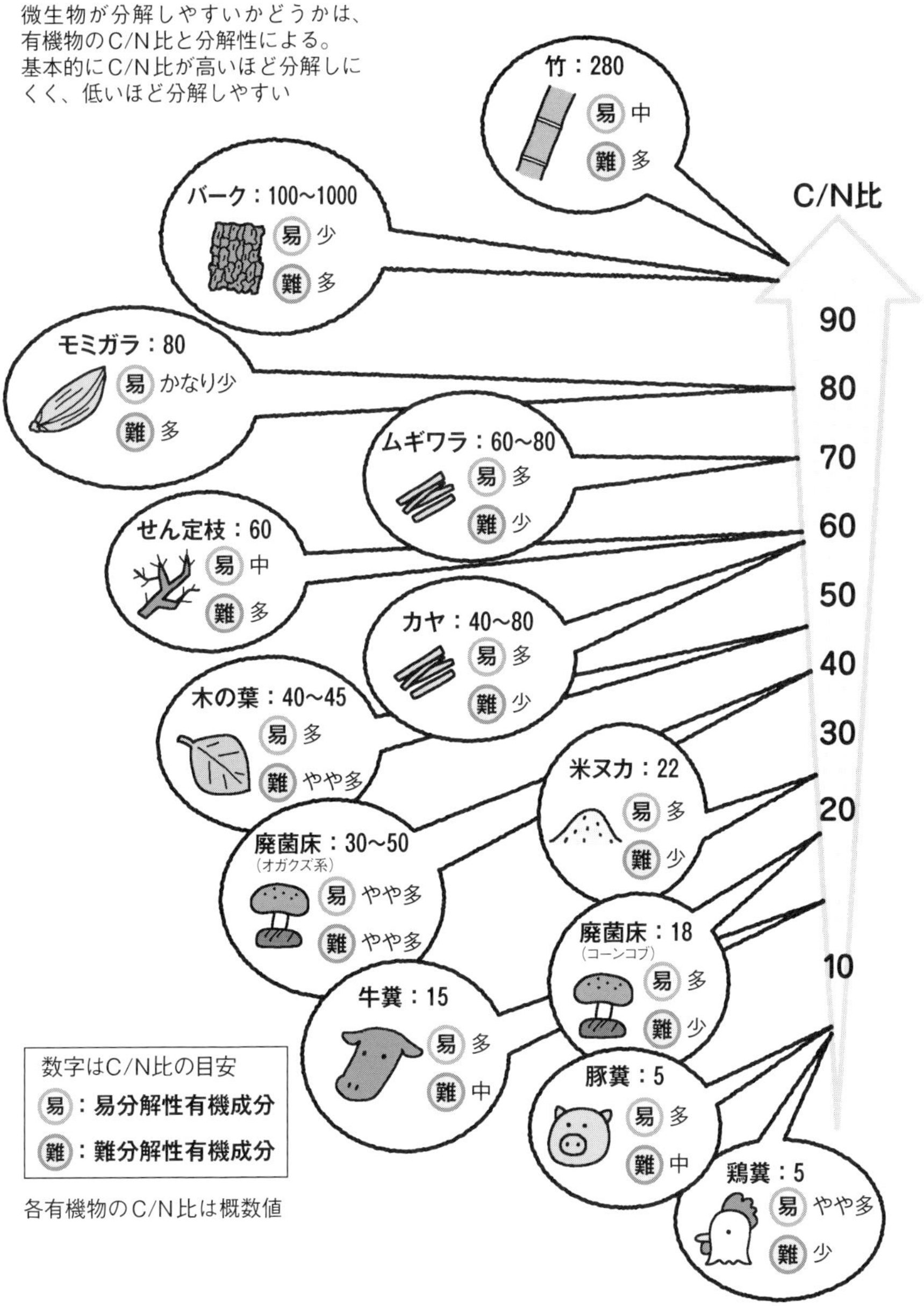

微生物が分解しやすいかどうかは、
有機物のC/N比と分解性による。
基本的にC/N比が高いほど分解しにくく、低いほど分解しやすい

図４　C／N比の違う材料を混ぜて理想値に近づける

Q　鶏糞200kgにせん定枝を混ぜて全体のC／N比を20にしたい。せん定枝は何kg加えればいい？

鶏糞　200kg
C/N比：5
N：4%　C：20%

＋

せん定枝　？kg
C/N比：60
N：0.5%　C：30%

→　C／N比：20

（※Cがわからないときは、N×C/N比で計算）

A

公式は

$$\frac{材料1の重さ\times C + 材料2の重さ\times C}{材料1の重さ\times N + 材料2の重さ\times N} = 目的のC/N比$$

当てはめると

$$\frac{\underset{（鶏糞200kgのC）}{200\times0.2} + \underset{（せん定枝のC）}{?\times0.3}}{\underset{（鶏糞200kgのN）}{200\times0.04} + \underset{（せん定枝のN）}{?\times0.005}} = \underset{（目的のC/N比）}{20}$$

方程式を解いて……　？ ＝ 600kg

堆肥のC／N比はどうやって調整するの？

簡単な計算方法があります。

C／N比が高い有機物をそのまま土にすき込むと、それらを分解する微生物は自分の体をつくるために土壌中のチッソを使います。いわゆる「チッソ飢餓」が起きるわけです。また、C／N比が高い有機物をただ積み上げておいても、なかなか分解されず、堆肥化しません。そこで堆肥をつくるときは、C／N比が高い材料と低い材料を混ぜて、全体のC／N比をなるべく20～30の理想値に近づけます。

C／N比が高い材料の場合、手っ取り早いのはチッソ（尿素など）を混ぜる方法です。たとえば、1tのイナワラ（C／N比40以上）に対してチッソ4～5kgを加えるとC／N比25程度となり、ちょうど分解しやすくなります（図）。

図5　C/N比の調整に必要なチッソ量の求め方

C/N比が高い材料を堆肥化するとき、理想的なC/N比にするにはチッソを加えるのが手っ取り早い。C/N比を30にしたい場合、その計算式は以下のとおり。

$$C \,/\, 30 - N = x$$

C	30	N	x
材料の炭素（%）	目標のC/N比	材料のチッソ（%）	必要なチッソ（%）

おもな有機物と必要なチッソ量

有機物名	全チッソ（%）	全炭素（%）	C／N比	材料1ｔに必要なチッソ量（kg）
オガクズ	0.1	53	534	16.7
モミガラ	0.5	40	80	8.3
イナワラ	0.7	40	57	6.3
ダイズ（稈）	1.0	48	48	6.0

全炭素は変動幅が小さいが全チッソは肥培管理による差が大きいのでC／N比も幅がある
（『農業技術大系　土肥編』などから編集部作成）

Q 堆肥はどうなったら完成？

A 手触りとニオイがよければ完成。あなたの感覚で決めればいい。

堆肥もボカシも作物栽培に使う資材です。畑に入れても問題ない、とくに作物の根に障害が出ない状態になれば完成ということになります。抽象的な表現ですが、人間の感性も植物の感受性も似たようなものなので、ひとつかみして手触りがよく、ニオイをかいで不潔感がなくなった状態なら大丈夫でしょう。不安なら堆肥1に土2の割合で混ぜて、コマツナを発芽させてみるといいでしょう。

最初20〜30あったC／N比は堆肥化につれて下がり、材料によっても違いますが、「完熟堆肥」はC／N比15〜20程度になっているのが理想です。（談）

今どきの堆肥の話

モミガラのブルーシート堆肥

新潟県上越市・曽根タツ子さん、正良さん

愛用のモミガラ堆肥と曽根タツ子さん

集落で大人気の簡単モミガラ堆肥

曽根タツ子さんが住む石谷集落では、近頃モミガラ堆肥が大人気。簡単につくれて、土も野菜も目に見えてよくなると、集落11軒のうち、取り組む農家は5〜6軒に広がっている。

「モミガラさえもっとありゃ、あるだけつくりたい」というのは、旦那さんの正良さん。7年前、農協の堆肥つくり講習会に参加して以来、つくる量を毎年増やしてきた。

このモミガラ堆肥は、JAえちご上越が「Bパワー」と名づけて売る微生物資材（好気性菌群）を使う。ブルーシートの上で米ヌカ、尿素と一緒に積み、2回切り返すだけ。1カ月半で黒茶色の堆肥が完成する。

正良さん、手持ちのモミガラでは足りず、最近は隣の集落にまでモミガラをもらいに行くほどの量産態勢。今年は1・5ha分のモミガラを仕込むという。

粘土と相性がいいみたい

野菜つくりが何よりも好きなタッ子さん、モミガラ堆肥の前にもいろいろ有機物を試してきた。最初は生のモミガラ。入れすぎると野菜の元気がなくなるみたいでやめた。次に使った鶏糞はチッソが多くて野菜がよく育ったけれど、なぜか土がコロンコロンとかたまりになり、こなれにくくなってしまった。牛糞堆肥を買って入れたときは野菜も土も悪くなかったけれどお金がかかる。そしてモミガラ堆肥に出会えたのだ。

「この辺は粘土でしょ。ゴロンゴロンの土になって構いにくくてね。モミガラ堆肥は相性がいいみたい。土がよくほぐれて、水分の持ちも排水性もどっちもよくなるのよ。肥料効果もある。化成肥料みたいにそんときそんときだけパッと効くんじゃなくて、長く効くから追肥の手間がいらんもんね」

病気が減ったのは ケイ酸効果!?

タッ子さんがとくに驚いたのは、野菜の病気が減ったこと。それまでは長雨に遭うと葉がトロける「雨やけ」、急に日照りになると葉先が枯れる「葉やけ」が必ず出ていたのが、ほとんど見なくなったそうだ。モミガラにはケイ酸が豊富。ひょっとしたらケイ酸のおかげで、野菜がぎゅっと締まり、病気に強くなっているのかもしれない。

正良さんには、堆肥とケイ酸に特別な思いがある。正良さんは、かつて農協主催のお米の食味コンテストで優勝したことがある。そのときにせっせと使っていたのが堆肥とケイカルだった。近年はしばらく堆肥もケイカルも田んぼに入れていない。「そのせいか知らんが、田んぼにおいしさのもとが少なくなってきたような気がする」。モミガラ堆肥をもっと大量につくれたら、田んぼにも使いたいそうだ。

◇

タッ子さんの野菜は、車で30分山をおりた直売所に出している。袋詰めして直売所に持っていくのは、正良さんの仕事。正良さんが「もっとつくれ」とタッ子さんに発破をかけるのにはわけがあって、直売所の売り上げは正良さんのタバコ銭になるのだ。

モミガラ堆肥を使うようになって、タッ子さんの野菜は甘くなったと評判だ。よく売れるようになってきたから、今じゃタバコ銭どころか、晩酌代もすっかりカバーする勢いである。

(取材　鴫谷幸彦)

モミガラ堆肥のつくり方

材料

10 a相当のモミガラ
……………約100 〜 130kg（1m³）
Bパワー菌… 6.5kg
（モミガラ重量の5％）
尿素…………1.3kg
（モミガラ重量の1％）
米ヌカ………6.5 〜 13kg
（モミガラ重量の5 〜 10％）
水……………適量
（やや多めがよい傾向）

モミガラに水をかけ、米ヌカとBパワー菌、尿素を加えてスコップで混ぜる。これを高く積み重ねて、最後にブルーシートで覆う

右がBパワー菌。左が普通の米ヌカ。Bパワー菌は農協が必要な量を注文生産し、米ヌカで培養された状態で届く

つくり方

① 材料の積み上げ

多量の場合…モミガラを30cm積み上げ、その上にBパワー菌と尿素、米ヌカを適量散布、散水して足、スコップなどで軽くかき混ぜる。これを数回に分けて行なってから積み上げる。できるだけ高く積み上げるようにする。

少量の場合…混ぜやすい一定量のモミガラに、Bパワー菌、尿素、米ヌカ、水を均一に混ぜ合わせて、なるべく高くなるように積む。

② 積み上げたら踏み込み、ブルーシートで被覆し、温度上昇を促す。積み上げた山の内部は70℃くらいまで上昇する。

③ 2回切り返し、1 〜 2カ月で完成。

モミガラ廃菌床堆肥

長野県小諸市・小林和雄さん、恵子さん

モミガラ廃菌床堆肥の中から、廃菌床ブロックを取り出して見せる小林和雄さん、恵子さん（赤松富仁撮影）

かつて、モミガラ堆肥をつくるときに豚糞だとモミガラが腐るのに時間がかかっていたが、廃菌床を入れるようになってからはモミガラが半年で半分のカサになるほど発酵が進むようになった。廃菌床は㈱ホクトのキノコ工場から1t100円で運んでもらう。野積みしたモミガラ堆肥の山に継ぎ足し、2週に1回はバックホーで混ぜ込む。1年もするとだいぶ分解する。畑には冬場に年1回、10a当たり2～3t散布する。おかげで水はけがとてもよくなり、レタスの根腐れ病も出ない。廃菌床には生きたキノコ菌がいっぱいいて、ほかの菌が苦手なカタイ有機物を分解してくれる。

竹堆肥イネ栽培

広島県庄原市・松田一馬

マニュアスプレッダーで、10ａ当たり500kgの竹堆肥を散布

私は現在62歳、８年前に農業土木関係の団体職員から専業農家に転身し、30種の野菜と水稲栽培を始めました。６年前には竹パウダー活用に出会い、山内自治振興区（旧公民館組織）の地域マネージャーとして、竹堆肥を使ったブランド米つくりの普及に取り組んでいます。

厄介者の竹でおいしい米

耕作放棄地が増えるなか、人の手が入らず、田畑や民家の軒先まではびこるようになった放置竹林が、地域の問題となっています。

山内自治振興区では、①放置竹林の伐採による里山整備と、②竹の廃材を活用した特産品つくりを目的に、「竹パウダー製造組合」と「米つくり研究会」を設立しました。

昔、山の下草刈りで出たクマザサなどを牛舎の敷きワラとして利用したのち、野積みして発酵させ、田畑の肥料としていました。これも竹パウダー活用のヒントとなり、「厄介者の竹でおいしい米をつくろう！」を合言葉に、２０１０年に生産者７人で１・７haの試験栽培からスタートしました。

筆者。「お米番付2014」入賞を記念して

竹堆肥のつくり方

放置竹林で竹を伐採

竹を枝葉ごと樹木破砕機にかけ、パウダー状に粉砕

＊1日で約8ｔ製造可能（三陽機器　グリーンフレーカ GF165D 自走式）

堆肥センターへ竹パウダーを搬入し、2：3の割合で中熟牛糞堆肥と混合し、発酵させる

＊約1週間で70℃前後になる。切り返しを5回程度行ない、3カ月で完熟堆肥に仕上げる

堆肥を混ぜて
3カ月後

灰褐色で糸状菌の跡も見える

粉砕直後の竹パウダー

食味値・味度値の推移（米・食味分析鑑定コンクール出品米　上位５点の平均値）

年度	2009	2010	2011	2012	2013	2014	2015
タンパク値	−	6.7	6.6	6.3	6.4	6.1	6.0
食味値	77	83	85	88	89	91	91
味度値	−	71	86	87	79	86	86
竹堆肥使用量（t）	0	1	0.5〜1	0.5〜1	0.3〜0.5	0.5	0.5
補足資材						カキ殻	カキ殻
試験資材							海藻クズ 純鉄粉

竹を破砕する「木材チッパー」は市の補助金を利用して３００万円で購入しました。硬い表皮に覆われたケイ酸質の竹ですが、パウダー状にすり潰すことで、豊富な炭水化物がむき出しになり、微生物のエサとなります。細かく砕かれた繊維もその棲み家となり、分解がスムーズに進行します。また、竹の持つ驚異的な生長力や薬効、抗菌力が作物の健全な生長を助け、米の甘味やうま味を増す効果も期待しました。

10ａ500kgの竹堆肥を散布

具体的なやり方は、少し粗めに粉砕した竹パウダーと中熟牛糞堆肥を2対3の比率で混合し、切り返しをしながら3カ月発酵させ、竹堆肥をつくります。これを10ａ当たり５０0kg、田植え1〜2カ月前に散布します。元肥には一発肥料を入れますがチッソ成分で１・８〜３・６kgと周囲の半分以下としています。

その結果、イネの葉が直立して光合成が活発になり、根張りや粒張りもよくなりました。土中の微生物が元気になり、うま味の決め手となるリン酸の吸収も高まっているようです。竹堆肥散布2年目の２０１１年以降は、米・食味分析鑑定コンクールや大阪府民のいっちゃんうまい米コンテストなどで毎年複数の賞を受賞し、食味値や味度値（ご飯のツヤと味を左右する保水膜の量）も年々向上しています（表）。

現在は生産者50人、栽培面積50haへと拡大しました。「里山の夢」という地域ブランドで、広島、大阪、東京、名古屋などに販売網を広げています。

木質チップ＋米ヌカ堆肥

富山県砺波市・寺井謙裕

枝葉チップの山の表層に米ヌカ

「炭素循環農法」を自分なりに研究すべく実践に取りかかりました。近くのバーク工場より枝葉チップ（スギの枝打ちゴミが大半で、カシなどの庭のせん定ゴミも含む）を4回に分けて購入。いずれも粉砕直後の生チップで、10t車1台分（20㎥くらい）ずつです。

富山県の当地は、フェーン現象による暴風が年に2〜3回吹くことがあります。高さ1・3mくらいのカマボコ状に堆積したチップの飛散防止を兼ねて、まず、表面に米ヌカなどを振りました。チップの山が届くたびに、米ヌカ100kg、熔リン10〜20kgを振ってからフォークで表面30cmほどを混ぜ、にがり4〜5ℓを500ℓタンクで水に溶かして全体に散布します。すると3日後には米ヌカにより粘りが出て、風が吹いても枝葉チップは飛散しなくなります。

キノコが出る、糸状菌のマットができる

微生物の働きにとって米ヌカは起爆剤です。1週間ほどすると枝葉チップの山には、灰色で太めのエリンギのようなみすぼらしいキノコ（糸状菌）が発生し、1カ月間発生し続けました。山の内部は20〜55℃に発熱し、発酵による水分で、チップの山は上から下に向かって徐々に黒ずんできます。チップ堆積の目的は完熟堆肥つくりではないので切り返し

> **炭素循環農法とは**
>
> ブラジル在住の農家・林幸美さんが2004年に『現代農業』に執筆した記事をきっかけに広まった。一般的な栽培ではおもな肥料はチッソだが、炭素循環農法では圃場の微生物を活かすためにチッソより炭素の施用が必要とする。C/N比（炭素量とチッソ量の比率）の高い廃菌床やバーク堆肥、緑肥、雑草などを浅くすき込むだけで、その他の肥料はいっさいなし、それだけで虫も病気も寄らない極めて健康な作物が育つという。編

米ヌカ処理枝葉チップをマルチしただけのウネに播いたダイコンが、一升瓶を超える太さに育った（2015年9月3日播種、12月22日撮影）

はしませんでした。

1カ月後、フォークで垂直に切り崩し、一輪車で畑へ運びマルチとして使います。このとき内部には、生のままの枝葉チップが半分くらい混じっていますが、それでもかまいません。むしろ、そのほうが分解がゆっくり進み長期間肥効が続きます。マルチして早ければ1カ月後、遅くても6カ月後には、チップの木片は糸状菌に包まれ白いマット状になります。すると、最初に出たキノコとは違う、肉厚のシイタケ状のキノコが群生してきます。

私の本業は造園業ですが、樹木、草花、野菜などすべての植物の植栽で、EMなどで嫌気発酵させたボカシを根元に、市販の完熟バーク堆肥を土の表層に入れ、表面にチップをマルチ、その上から米ヌカ（熔リンとにがり入り）を散布してきました。すると、あらゆる植物は、表面のチップに糸状菌が見られる頃から旺盛に生長します。私が炭素循環農法に可能性を感じたのは、この経験があったからです。

ただ、庭木のような樹木ならこれでよくても、短期間に生長させなければならない野菜では、糸状菌の白いマットが生育に間に合わないことがあります。それを解決するのが、木質チップの米ヌカ処理、米ヌカであらかじめ方向づけしてやる方法なのです。

高温・細菌型堆肥では糸状菌が働かない

ところで、市販のバーク堆肥も原料は木質チップですがキノコは出ません。なぜでしょうか？

市販のバーク堆肥は、製材所のゴミであるスギ皮、アカマツの皮、鋸クズ、木片を細断し、少量の尿素を混ぜ、切り返してつくられていま

べんり菜（7月8日播種）や
コカブ（9月17日播種）も巨大に

す。すると高熱を出す細菌が殖え、降雨時にはチップの山から水蒸気が上がり、夏の高温時には自然発火することもあります。製品となったバーク堆肥は一見、真っ黒で完熟に見えますが、水洗いしてみれば生の木片が出てきます。木質チップをゆっくり分解してくれるキノコ菌（糸状菌）は、40℃以上では働かないのです。

私は、こういうバーク堆肥も植栽に使うために購入することがあります。1年中畑に積んだままにしてから使いますが、白い糸状菌が出ることはなく、その代わり雑草が生えてきます。こういう堆肥は「腐敗堆肥」といわざるを得ませんが、発酵型でも腐敗型でも、最後は放線菌が出て地力つくりには役立ちます。

バーク工場では、尿素の代わりに牛糞や豚糞を混ぜたバーク堆肥も製造しています。これも高温・切り返し方式。畑で使うには2〜3年野積みしてからでないとうまくいかないでしょう。

菌床キノコ栽培に学ぶ

木質チップに米ヌカで方向づけするというのは、じつは菌床キノコの栽培農家がふだんやっていることでもあります。近くで、長年シメジダケをオガクズで栽培してきた農家に聞いたところ、米ヌカを主体に、少量のフスマ、豆皮を、オガクズ全体の1割ほど混ぜて菌床をつくるそうです。

この農家の廃菌床は、野積みしておくだけで短期間にこれ以上の堆肥はないと思われるものになり、15年間重宝してきましたが、5年前から入手できなくなりました。昨年から始めた枝葉チップの米ヌカ処理はそ

木質チップを米ヌカ処理すると…

木質チップ（おもにスギの枝葉）の山に米ヌカを散布したところ。チップは、3月末～10月中旬にかけて、10ｔずつ4回に分けて購入。そのたびに米ヌカ処理をした

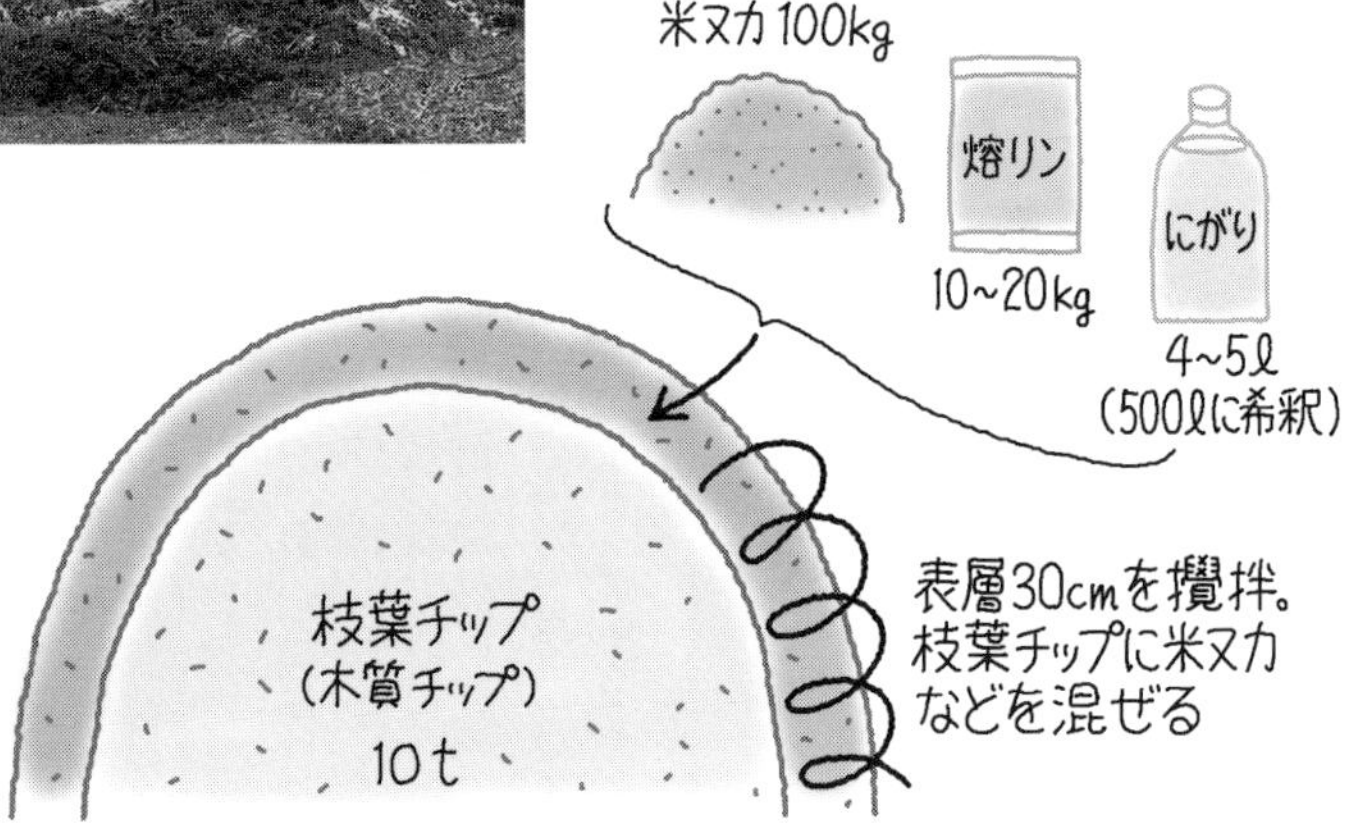

灰色の太めのエリンギのようなキノコが生えてきた

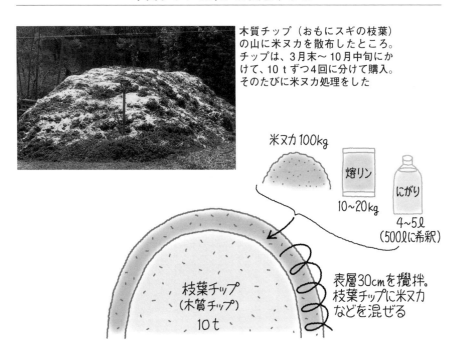

1カ月後

20～55℃の発熱で全体が黒ずみ、白い菌糸が見える。畑へ運びマルチにする

菌糸で白くなったチップもあれば生のものも混じっているが、これでいい

の代わりになりそうです。

巨大ダイコンができた!

さて、その米ヌカ処理した枝葉チップ堆肥をマルチしただけの畑に、9月3日、耐病総太りダイコンのタネを1粒ずつ、指で押し込むように播いてみました。その後、何もしないのに11月に入るとグングン太り、年が明けた頃には胴回りが40㎝を超える（5㎏）ダイコンに育ちました。もちろん、株元のチップには糸状菌が出ています。

大きくても、中にスが入ったりはしていません。知人に見せたところ「これは万田酵素並みだ！　今までのチッソ・リン酸・カリの施肥はなんだったのか」と驚かれました。私自身もビックリです。

これが、炭素循環農法の本来の力なのでしょうか。「炭素」だから木質チップを入れればいいというのではありません。重要なのは糸状菌の働きです。それには、あらかじめ少量の米ヌカで微生物の方向づけをしてやる。試験は今年も継続します。どんな野菜が育つかとても楽しみです。

落ち葉堆肥

福島県白河市・関谷亮一

萎ちょう病が減り、風味は増えた

私が落ち葉を使い始めたのは、1991年、農業の賞を多く受賞されている岩手の宮林正美さんを訪ねたのがきっかけでした。微生物資材を使った土つくりの研究会で研究されているとのこと。その研究会で私もいろいろな勉強をさせてもらい、次年度から自前の堆肥つくりに取り組みました。

当時、「トマト10tには堆肥10t投入」と指導されていたのですが、萎ちょう病に悩まされ、8月上旬になるとトマトが紅葉していました。

それが落ち葉などを主体にした自作の堆肥を1年、2年、3年と入れていると、なんと萎ちょう病が少なくなりました。そればかりか風味のあるトマトができあがりました。欲が出てきて、さっそく「バイオトマト」と名づけ、同じように堆肥をつくってトマトを栽培している仲間13名で出荷を始めました。現在は、JAに高品質トマト研究会を立ち上げ、ノーマルトマトとは差をつけて販売をしております。

植え付け前に2t

オリジナル堆肥は11～12月に積み上げます。1月に高品質トマト研究会により堆肥が積んであるか確認作業を行ない、どれぐらいの仕上がりか確認します。つまり「堆肥の目揃え会」であるわけです。2月にも行ないます。

そして、植え付け前に10a当たり約2t投入しております。投入後、ローラーで鎮圧をいたします。植え付け穴はドリルで開け、そこに12㎝のポットの苗を植え付けます。

15年欠かさずに堆肥を入れ続けていますが、耕盤がなくなったようで、支柱をさすときにつかえることがありません。

夏秋タイプのトマトなので糖度が低くなりやすいのですが、6度以上を表示しております。毎週1回、各戸のトマトの糖度を測り、公表しております。

熟成中の落ち葉堆肥。現在、トマトは約9000本栽培しており、ここ2～3年は息子が中心で行なう。3つの作型とも接木をしており、2本仕立て

また、トマトの後作にミズナやレタスを栽培していますが、苦味がなく、甘いものができるようになりました。

自然のミネラルと土着菌の力

堆肥の素材となる落ち葉は繊維質があってよいのだろうと思います。セルロースの多い資材は土壌の中でよい結果をもたらすのでしょう。

それに自然界のミネラルと土着菌を多く持っています。この落ち葉の力を堆肥の中で活性化することがポイントと思います。そして微生物が活動することで出るホルモンによって、実のしまったトマト、そして風味豊かなトマトができるのだと思います。

今年の長雨と日照不足には困りましたが、現在のところ、萎ちょう病はもちろん、そのほか土壌病害による被害も出ておりません。

◇　◇　◇

最近の野菜は20〜30年前の野菜と比較して栄養価は半分以下といわれています。医食同源という言葉がありますが、人の健康を考えた野菜つくりは私たちに与えられたものと思います。

今はとかく小手先でものをつくることが多くなっています。たとえば、なんとか肥料とか葉面散布剤など、必ずしも悪いものではありませんが、もっと原点にかえった野菜栽培が必要でしょう。それは、自然界のミネラルがたくさん入った、良質な堆肥をつくることにあるのでは…。

オリジナル落ち葉堆肥のつくり方

材料

落ち葉…約3ｔ　　モミガラ…約2.5ｔ
ワラ……約2ｔ　　米ヌカ……約2.5ｔ
硫安……約40kg

つくり方

①11月末、落ち葉を集めてくる
②下から、ワラ、モミガラ、落ち葉、米ヌカ、硫安、タネ菌として昨年つくった堆肥の順で積み、もう1回、ワラ、モミガラ…と2回積む
③風で飛ばないよう上からネットをかける
④積み上げて15日目ぐらいに1回目の切り返しをする
⑤その後は10日に1回のペースで切り返す。2回目頃より甘いニオイがするようになる。
⑥5回ほど切り返せばできあがり。切り返しは寒い真冬の作業になりますが、50〜60℃以上に上げないように切り返す。

※作型は3タイプあり、1月播き（収穫は6月上旬〜）、3月播き（同7月上旬〜）、4月播き（同7月下旬〜）だが、ここでできた堆肥は3月播き（5月中旬定植）のトマトより使用する。それ以前の作型には昨年つくった堆肥を使う
※硫安はC／N比を下げるためのチッソ分として入れる

熟度別 堆肥の使い方の話

いや、待てよ。堆肥といっても完熟じゃないとダメだろう。昔、未熟堆肥を入れて、えらい失敗したことがあるんだ。世の中に堆肥はあり余るほどあるが、完熟堆肥はそうザラにはない。堆肥栽培は簡単にできるもんじゃないだろう

確かに。それにしても未熟堆肥って何が悪いんだろうね？　このへんで、こないだ買った本『堆肥のつくり方・使い方』で勉強してみっか

未熟堆肥の害ってなに？

『堆肥のつくり方・使い方』（藤原俊六郎著）より

編集部

未熟害＝チッソ飢餓!?

未熟堆肥の害については、群馬県中之条町のキク農家・堀口保利さんも、以前ナメコの廃オガ堆肥を畑に入れて大失敗したことがあるといっている。

「もらってきた廃オガに石灰チッソを加えて2年間積んでおいた。見た目にも黒くてよく発酵しているようだったので、雨が降るとオガクズが浮いて流れ出るほどこの廃オガをたっぷり土に入れたら、ひどいチッソ飢餓を起こし、茎は細く花は大きくならなかった」という。「せっかく入れた化成肥料のチッソを、菌のや

堆肥から水がしみ出した生の牛糞

つがタダ食いしてたんだよ」と、堀口さんは今でも悔しがる。

未熟堆肥についてのこういう見方は堀口さんに限ったことではない。何人かの農家に話を聞いてみても、「未熟堆肥といえばチッソ飢餓」という図式がすぐ頭に浮かぶ人が多いようだ。

では、チッソ飢餓とはいったいどういう現象なのだろうか。以下、藤原俊六郎さんの『堆肥のつくり方・使い方』で見てみよう。

最近の堆肥ではチッソ飢餓は起きない!?

同書によると、オガクズなどを大量に含んだ炭素率の高い堆肥を施すと「チッソ飢餓になることがある」とある。チッソ飢餓とは、堆肥の分解のために殖えた微生物が、堆肥から出てくるチッソだけでなく、土壌中のチッソも取り込んでしまい、作物が吸うチッソが不足して生育不良を起こす現象だという。

しかし、かつてはともかく、今の堆肥でチッソ飢餓が起こる危険性はほとんどない。現在流通している堆肥の大部分は、養分濃度が高く炭素率が低いからだ。

ということは、未熟堆肥の害について農家がチッソ飢餓だと思っているなかには、ほかの原因によるものがあるということだろうか。

六つの未熟害

未熟堆肥の害にはなんと六つもあると藤原さんはいう。

①濃度障害
②チッソ飢餓による生育不良
③生育阻害物質
④土壌の異常還元による根腐れ
⑤過剰成分によるバランス悪化
⑥土壌の物理性悪化

未熟堆肥の害と一口にいっても単純ではなさそうだ。

あのときの失敗は
チッソ飢餓じゃなくて
別な原因かもしれないな

むしろチッソ過剰で根が傷む

「濃度障害」（①）とは、チッソ飢餓どころか、むしろチッソ過剰による害だ。未熟な堆肥をたくさん施すと、最近の堆肥は養分濃度が高いので、土の中で急激に分解されて無機態チッソ（とくにアンモニア態チッソ）の濃度が高まる。そのために作物の根が濃度障害を起こすことがある。根が濃度障害を起こさなくても、作物体内の硝酸態チッソ含量が高くなり、軟弱徒長につながることもありそうだ。

酸欠、有機酸類の害

「生育阻害物質」（③）とは、イナワラやムギワラに含まれるフェノール性酸、オガクズやバーク（樹皮）に含まれるフェノール性酸やタンニン、精油などのこと。これも根の伸長を阻害する。

また、未熟堆肥に含まれる易分解性有機物（分解しやすい有機物）が土の中にたくさん入ると、微生物が急激に殖え、土の中の酸素を奪って土が極端な酸欠状態になる。すると「異常還元による根腐れ」（④）が起こることがある。こういう環境では嫌気性菌が殖え、有機酸などの生育阻害物質がたくさんつくられることによる障害も起きやすくなる。とくに、水はけが悪く締まりやすい粘土質土壌で起きやすい。

　三重県名張《なばり》市の福広博敏さんも「未熟堆肥を入れると、いい微生物が殖えない」といっていたが、このことだろうか。

　そのほか、未熟堆肥にたくさん含まれる無機成分が土に入ると、養分バランスを崩して生育不良を起こすこともある（⑤）。また、水分の多い未熟堆肥をたくさん入れて大型トラクタで耕耘すると土が締まりやすく、通気や排水が悪くなるという（⑥）。

未熟堆肥は作付け1カ月前施用か表面・表層施用

　では、やっぱり未熟堆肥は使えないのか？　そんなことはないという。

　未熟堆肥による障害は、土に入れてから1～2週間目がひどい。1カ月以上おいてから栽培すれば問題はなくなる。

　また、生育不良を起こす物質は酸素の多い条件でよく分解される。そこで未熟堆肥は深く入れず、浅めに入れるか堆肥マルチとして使うとよい。すると土壌表面で分解しながら養分が土壌中にしみこんでいく。それに、とくに木質分の多い未熟堆肥を土中に入れるとモンパ病になりやすいが、直接根と接しないマルチ施用なら病気は発生しないそうだ。

　土壌表面に施用した未熟堆肥は、作が終わる頃には分解が進んでいるので、その後はすき込んでも安全だ。

　ただし、食品粕や生ゴミのように、虫や動物が寄ってきやすいものはマルチ施用には向かない。また植物質の未熟堆肥をたくさんマルチ施用すると、コガネムシの幼虫が発生して根をかじることがあるので、根菜類やイモ類では注意が必要だ。

ふーん、未熟堆肥は
ゼッタイ使えないって
わけじゃないんだ！

小祝さんに教わった
堆肥の熟度の見分け方

編集部

実際、堆肥を手に入れたら、その熟度をどうやって判断したらいいのだろう。有機栽培のコンサルタントをしている㈱ジャパンバイオファームの小祝政明さんに、誰でも簡単にできる堆肥の見分け方を教えてもらった。

写真は編集部で実際に熟度判定に挑戦してみたときのもの。現場で手に入れた牛糞＋バーク堆肥でやってみた。

豚糞＋オガクズ＋食品残渣

馬糞＋木クズ＋廃菌床

牛糞＋バーク

これで実験

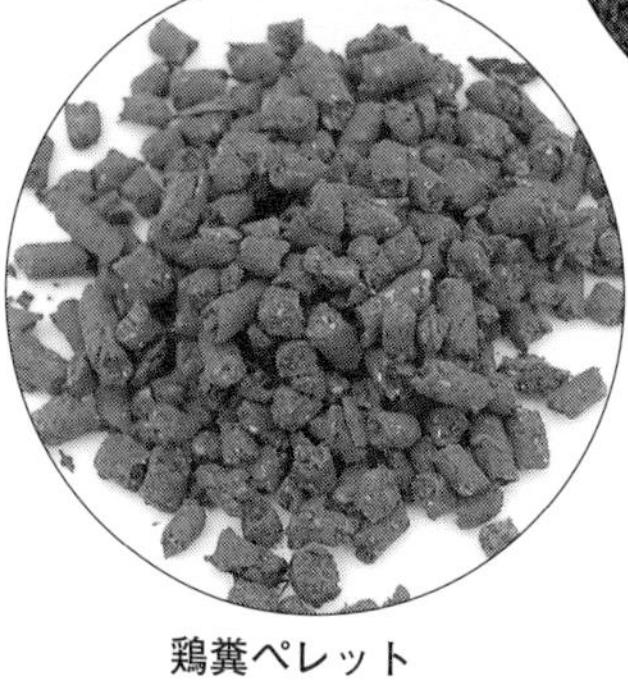
鶏糞ペレット

生ゴミ＋木クズ

ニオイをかいでみる

牛糞＋バーク堆肥。サラサラしていて糞のニオイはまったくない

さわってみる

指でこすってみると、硬いものがゴツゴツ残っている。バークが分解されていないのか？

ニオイをかぐ

まずはニオイ。家畜糞を使った堆肥の場合、サラサラしていても糞のニオイが残っているようであれば、発酵・分解が十分な堆肥とはいえないそうだ。乾燥させただけの場合もある。

さわってみる

ニオイがなく、よさそうな堆肥に見えたら、次は実際にさわってみる。

堆肥をつまんで手のひらにのせ、指でギュッと押しながらこすってみると、硬いものが手に刺さるような感じになるものがある。とくにバークやオガクズなどの繊維が硬くて分解しづらいものが残っている場合だ。

こすっても角々しさがなく、手になじむような感じであれば分解が進んでいる証拠だそうだ。

洗ってみる

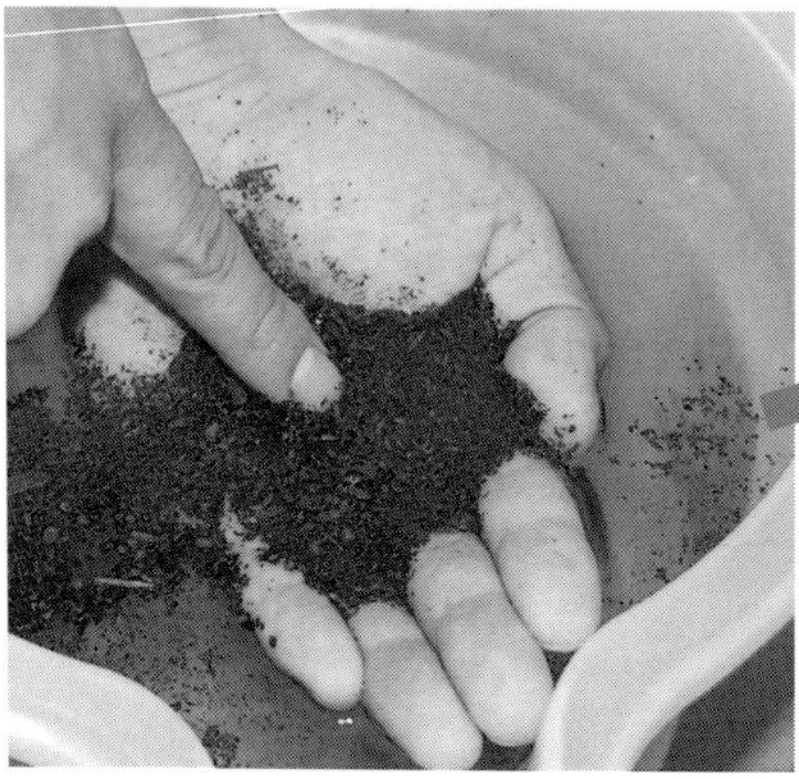

バケツに水を入れ、堆肥を浸して素材を洗い出してみた

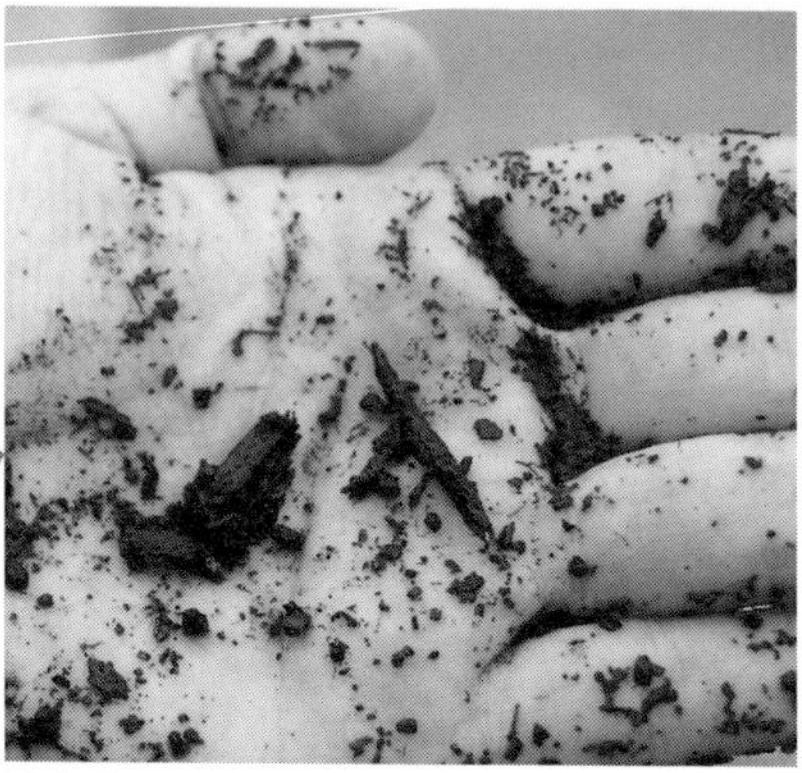

洗う前はわからなかったが、大きなバーク片が入っていた

軽くつぶしてみたらクニャッと曲がった。これなら芯のほうまで分解が進んでいるといえるだろう

洗ってみる

堆肥を水に浸け、手のひらの中でもむように洗ってみる。色は黒くて分解が進んでいるように見えていても、オガクズやバークなどのかたまりが残っていることがある。それをかいでみて、まだ素材のニオイがするようであれば未熟の状態だ。

また、洗い出したオガクズやバーク、ワラなどが、どれくらい崩れやすくなっているかを見るのもポイント。オガクズは指でつぶしてみると、分解が進んでいればペシャッとつぶれる。つぶれずに形が残っているようであればまだ分解の途中。

バークやワラなどは、折ったり、裂いたり、引っ張ったりしてみる。簡単に折れたり、切れたりすれば、木片の芯までかなり分解が進んでいる証拠。相当な力でないと切れないものは、分解が不十分な状態だ。

熱湯を注いでみる

ビンに堆肥を入れ、熱湯を注いでみると、乾燥したときより堆肥のニオイがよくわかる。しかし糞臭はしなかった！ 十分発酵が進んでいるようだ

液面に浮くゴミが多いほど未熟。これは時間がたつと沈んだので問題ないようだ

しばらくして、底に沈んだ堆肥と上の液の区別が明確ではなく、ぼんやりと徐々に色が変わっているようなものが、小祝さんのいう「最高にいい堆肥」

熱湯の対流で堆肥が攪拌されて、しだいに底に沈殿物がたまってくる。すぐに紅茶のような色が出てきた

3種類の堆肥に熱湯を入れたら、まったく違う色に！ 1日おいて様子を見た。さて、良質堆肥はどれでしょう？ 答えは次ページ

熱湯を注いでみる

ビンやコップ（耐熱性）に堆肥を入れ、熱湯を注いでみる。乾燥した状態では無臭に近いものでも、お湯を入れることで、湯気と一緒にニオイがはっきりとわかる。家畜糞のニオイがするようであれば、やはり分解不十分だ。

また、お湯に溶けた液の色を観察してみると腐熟具合がわかる。お湯を入れ、しばらくすると堆肥が沈殿して、分解ずみ有機物の色がお湯に溶け出してくる。素材にもよるが、一般的には紅茶のような透き通った色。その色が濃いほど発酵・分解が進んでいる状態。ただ、騙されてはいけないのは、色が濃くても溶け出してきているものではなく、水に溶けない大きな分子が浮遊して、ずっと濁ったままのものもあることだ。そういうものは未熟とみてよいそうだ。

堆肥工場へ行ってみよう!

堆肥を購入する場合、できれば実際につくっている現場を見て購入したほうがいい。小祝さんが教えてくれたチェックポイントが以下の表。

堆肥工場

堆肥工場でのチェック項目

チェック項目＼堆肥の品質	品質よい	品質に疑問	備　考
エアレーションの設備	ある	ない	エアレーションなしでは大量の良質堆肥製造は難しい
木質原料の形状	細かい	粗い	オガクズ以外のモミガラやバークの場合でも粗いものより細かいもののほうがよい
木質原料の例	オガクズ	カンナクズ プレナクズ	
堆肥原料の水分調製	している (50 ～ 60%)	していない (勘で、不明)	堆積した原料の山裾に液がしみ出していないか
堆肥原料の C/N 比	調製している (15 ～ 25)	調製していない (わかっていない)	C/N 比の言葉を知らないこともある。だからといって品質が悪いとはいえない
品温管理	している	していない (勘で、不明)	堆肥の山に挿してある温度計を自分の目で確認する
品温の上限	60℃程度		
アンモニアなどの悪臭	少ない	多い	アンモニア臭がきついところは難分解性有機物が残っている懸念がある
ハエ	少ない	多い	品温の上昇が不十分で、発酵にムラがあると多くなる

(前ページの答え)

右は牛糞+バーク堆肥。お湯に溶けた液が濃く、浮遊物も少ないので発酵・分解が進んでいる証拠。中央は堆積したばかりの牛糞+おから堆肥。色が薄いので発酵が進んでいないことがわかる。左は乾燥鶏糞。強烈なニオイがする。色は濃いが、よーく見ると、分子の大きな浮遊物が濁りをつくった状態でお湯に溶け出していない。分解が進んでいない未熟とみる

土壌病害虫を抑える中熟堆肥

▼未熟は要注意

「未熟堆肥は有機物の分解が進んでいないので微生物の量は多いが、土壌病害虫も一気に広がる恐れがある。また、未熟有機物の分解のため、土中のチッソや酸素が奪われて、チッソ飢餓や根腐れ害が出ることがある」ということで、小祝さんは未熟堆肥はすすめない。

堆肥の熟度によって微生物と微生物のエサの量は変わる

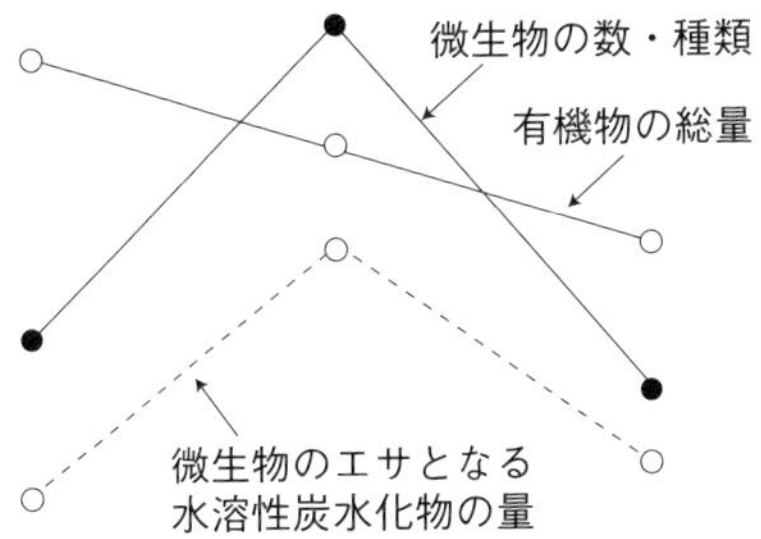

堆肥の熟度	未熟堆肥 →	中熟堆肥 →	完熟堆肥
主な微生物	糸状菌 →	納豆菌 放線菌 酵母菌 →	納豆菌 放線菌

▼完熟より中熟がねらいめ

それでは完熟堆肥がいいかといえば、そうではないそうだ。「完熟一歩手前の中熟堆肥が有機栽培に向く堆肥」と小祝さんはみる。

完熟堆肥は水を加えても発酵しないほど分解したもの。水に溶けるノリ状の炭水化物が多く、土を団粒化させる力があるので、土壌の物理性改善にはとてもいい。また、ミネラルをキレート化する腐植酸もあるので、ミネラル吸収もある程度促進できる。

だが、意外に思うかもしれないが、完熟堆肥には有用微生物が意外に少ない。分解する有機物そのものが少なく、エサが足りないので殖えることができないからだ。そのため、土壌病害虫や土壌センチュウを抑えることが難しい。

▼中熟こそ土壌病害虫抑制力を持つ

ところが、完熟になる一歩手前の中熟で発酵を抑えた堆肥は微生物の量が多い（図）。微生物の拡大再生産がどんどん進んで完熟になりきる手前で発酵を切り上げたものだからだ。この段階なら微生物の種類も数も多いので土壌病害虫の増殖を抑えられる。

有用微生物である納豆菌、放線菌、酵母菌が多くなるのもこの時期で、同時に分解物である微生物のエサも多く、いわば有用微生物のエサを持った堆肥といえる。堆肥にエサも一緒に付けてやれば、土中の有用微生物はそのエサで増殖でき、土の中の有機物も利用して、さらに勢力を拡大していける。結果、土壌病害虫が抑えられるというわけだ。小祝さんはこういう堆肥こそが、有機栽培に向く「力のある堆肥」と考える。

ただ、中熟堆肥の施用時期にはちょっと注意も必要。有用微生物が畑全体に広がるまでに少し時間がかかる。この時間を「養生期間」と呼び、堆肥施用から3週間くらいおいて作付けすることがポイント。

熟度別 堆肥の使い方

編集部

藤原俊六郎さんによると、未熟の堆肥も、好気的な表面や表層に浅く施すことで根の障害は防げるようだ（121ページ）。

また、㈱ジャパンバイオファームの小祝政明さんによると、完熟堆肥よりもその一歩手前の中熟堆肥のほうが、納豆菌や放線菌が殖えて、病害虫を抑制する力があるらしい（127ページ）。

堆肥の熟度がわかったら、その熟度に合う使い方をすることで、誰でも安心して堆肥を使えることがわかってきた。

ここでは、熟度別の堆肥の使い方を整理してみよう。

そうか、未熟な堆肥をたくさん、深く入れたから失敗したのかもしれないな～。浅く入れてやればよかったということか
ありがとう藤原さん！
ありがとう小祝さん！
おおげさだな～親父
でも、これで未熟も怖くないな！

ひとめでわかる未熟・中熟・完熟堆肥の特徴と使い方

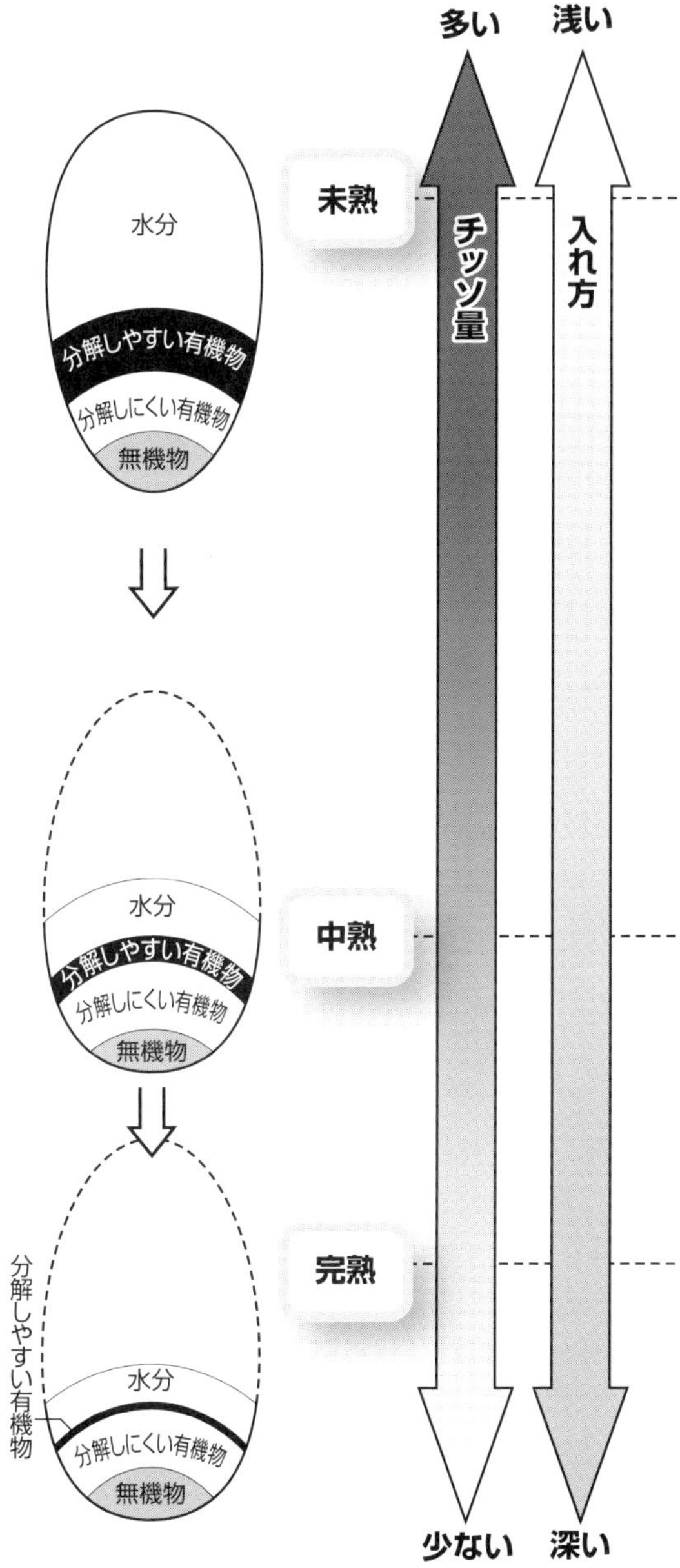

分解しやすい有機物（易分解性有機物）が未分解の状態

- 施用後1カ月以上放置してから作付け
- 深く入れない、いっぱい入れない
- 堆肥マルチ（表面施用）ならOK
- 土ごと発酵にも向いている
（未熟有機物の浅いすき込みで土が発酵し、団粒構造が発達、ミネラルやアミノ酸たっぷりの土に変わる現象）

分解しやすい有機物が少し残っている状態

- 施用後3週間の「養生期間」をとって土になじませる
- そのほか、未熟と同様の使い方ができる
（微生物密度が高まっており、土ごと発酵にはこれも向いている）

分解しやすい有機物が分解された状態

- 深く入れても大丈夫
- 養分が少ないので、肥料効果をねらうなら多く施用することになる

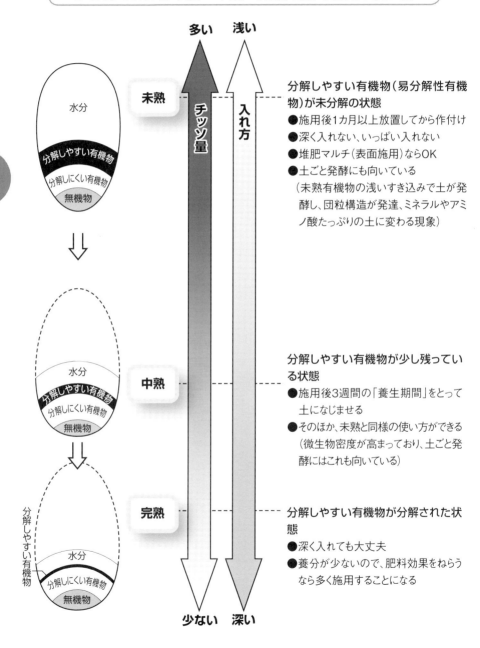

ミカンの若木にオガクズ入り豚糞堆肥をスポット施用する永渕さん（すべて赤松富仁撮影）

堆肥のスポット施用

ミカンの幼木がかん水いらず

佐賀県多久市・永渕晴彦さん

スポット施用したところを掘ってみると、堆肥に根が集まっていた

堆肥をまく作業はラクではありません。私は取っ手が付いたコンテナに堆肥を詰めて畑に運び、そのままスポット施用しています。ミカンの樹1本にコンテナ1杯をドサッとあけるだけ。そのあと広げもしませんし、中耕もしません。

全面にまくと、見た目に堆肥はわからないほどで、その効果もあまりありませんが、スポット施用だといろんな効果があります。

まずはその下の土が明らかに変わります。ミミズや微生物が殖え、50

スポット施用しなかった苗木（品種は田口早生）は乾燥？で葉色も抜けて生育不良。スポット施用した苗木は芽が多くよく伸び、生育良好。スポット施用すれば、かん水設備がなくてもＯＫ。なお、太陽をまっすぐ受けられるように斜め植えしている

〜60㎝下まで耕してくれます。さらに、土の表面の水と空気が適度に保持されるので、右ページ下写真のように、根が表層に上がってくるのです。土壌水分がストックされた状態になり、近年問題になっている高温による日焼け果も出にくいです。

また堆肥のところへ化成を振れば肥料が緩やかに効き、カキ殻を振れば石灰の吸収がよくなるのを実感してます。土中に蓄積したリン酸の吸収もよくなるそうですね（『現代農業』２００８年10月号１７６ページ）。これからは肥料代減らしのために、スポット堆肥の肥料分を差し引いて施肥しなければいかんと思っています。

この方法は、つねに養水分を切らしてはいけない幼木や中晩柑には最適です。水や肥料を切りたいカンキツ類には、施用量を減らすなどの注意が必要かなと思っています。

堆肥の小山盛り施用

トマトの根が元気に伸びる

和歌山県印南《いなみ》町・原 眞治さん

トマトの根の伸びるところに堆肥を小山盛りにおく原さん。穴肥をしたところに堆肥でフタをしたり、堆肥の上に追肥したりすることで肥効も高まる。施用量は2t/10a

堆肥を小さい山盛りにしてトマトの株間におくのは原眞治さん。

原さんはもう何年も前から、堆肥を表面施用してきた。トマトの株の両脇にスジ状におくことで、土の表面の水と空気が適度に保持されて、元気な根が集まって養分吸収が安定するからだ。そこにはたくさんの土壌動物や微生物も殖える。

ただ、堆肥を薄くおくと乾きやすい。堆肥はいったん乾くとなかなか湿らないのだ。そこで最近は水分の維持をより安定させるため、トマトの根が伸びる株間に堆肥を小山にしておくようになってきている。

小山盛り堆肥で土壌動物・微生物が殖える

クモも増える。原さんはクモがハモグリバエの幼虫を食べるのを見たことがある

有機物はもちろん、おもに菌を食べるといわれるトビムシ

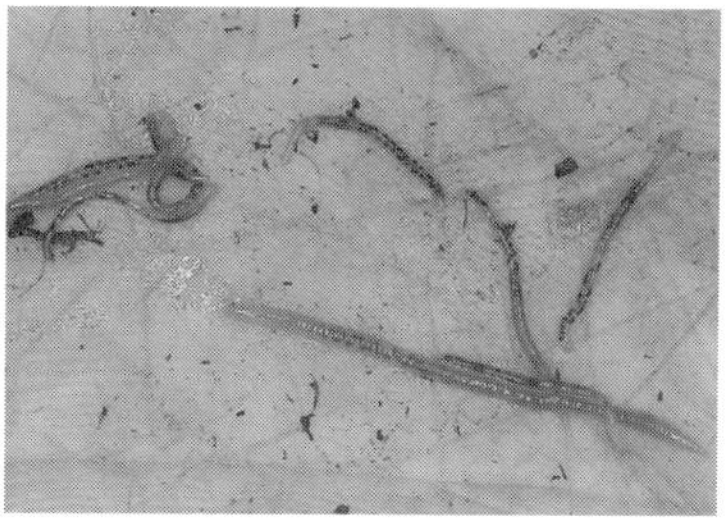

ミミズは土を食べて糞を出すことで、土の団粒化をすすめてくれる
(赤松富仁撮影、このページすべて)

堆肥に根が集まる

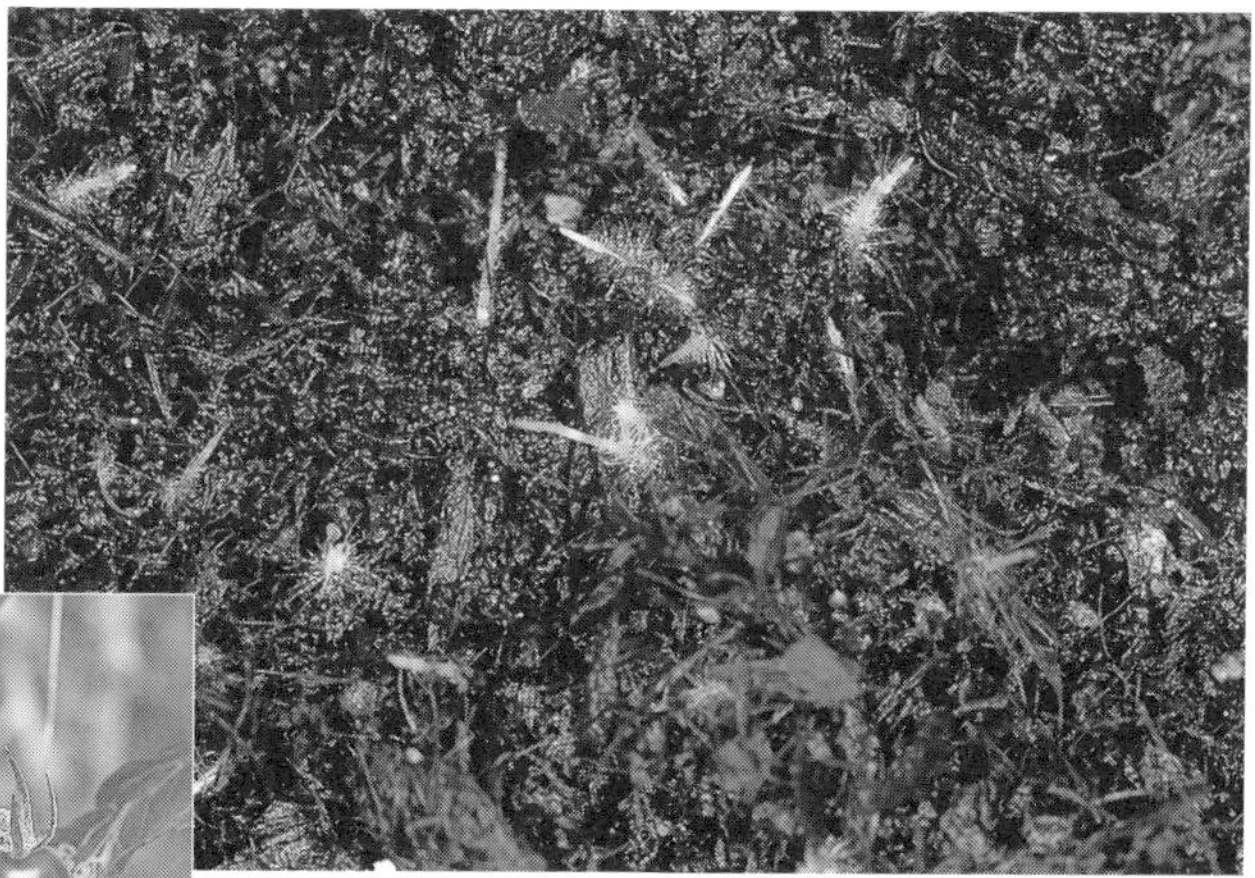

堆肥の表面に白く綿毛のような根が上に向かって伸びていた。原さんの使う堆肥は、チッソ約1%で比重(仮比重)0.2～0.4と軽く、C/N比15～20に調整されたもの。比重の計り方は97ページ

病気の気配のない健康な原さんのトマト

堆肥は表面施用のほうが根がよく張る

編集部

堆肥を土全体に混ぜるのと、表面に置くのとではどっちが根が喜ぶのか？　プランターにコマツナを播いて試験してみた。

（協力　(財)日本土壌協会）

牛糞・生ゴミ・オガクズ堆肥を使用。どちらのプランターにも堆肥のほかに、化成肥料で10a当たり15kgずつチッソ・リン酸・カリを施用してある。

播種は7月上旬。1カ月後、根の状態を観察するためにプランターの側面を切り取ってみると、見事に表面施用のほうが根

堆肥と肥料を土全体に混和したところに播種。
土と堆肥の割合は8：2

が多い！　堆肥は全層にぼんやりとあるよりは、部分的、集中的にあるほうが根は元気になる模様。表面でまず活性化した根群から下部へもぐいぐい張り出したのだろうか？

あれれ、
あっちは
根が少ないなあ
どひゃー、
すごい根張り

収穫　6株で398ｇ！
表面施用

肥料だけ混ぜた土に播種し、発芽して3枚目の葉が出たところで、土の表面を堆肥で覆った（堆肥マルチ）。土と堆肥の割合は9：1

堆肥マルチができちゃう機械発見！

千葉県香取市・酒井久和さん

堆肥マルチがきれいにできた（手頃な野菜が畑になかったので写真は小麦で実演）

スジ状の堆肥マルチもラクラクできた

サツマイモのウネだけにボカシを入れる機械を探していた酒井さん。7年前の農機展示会で「これだ」と思い買ったのが、コンマ製作所の自走式堆肥散布機。今まで一輪車でせこせこ運んでいた重労働から一気に解放された。

さらに去年試してみたのが、キャベツ、ハクサイ、ホウレンソウの堆肥マルチだ。見事に30㎝幅のスジ状で薄くきれいにマルチ施用ができた。「とにかく小回りが利くのが魅力だよ。定植後の畑でも野菜をまたいで入っていけるからできる芸当。そりゃあ堆肥マルチよりも全面散布のほうが作業はラクだから、この散布機がなかったら堆肥マルチをやろうなんて思わなかったかも」

全面散布よりも生育が揃う・病気が減る

堆肥マルチしてみたら、マニュアスプレッダーで全面散布していたときは毎年悩まされていたキャベツの菌核病がほとんど出なかった。生育

自走式堆肥散布機「CM-T300」（コンマ製作所）で堆肥マルチする酒井久和さん

作溝板、シューター、培土盤をはずすと、30㎝幅で堆肥が落ちる

堆肥マルチって
やっぱりいいんだなぁ

にばらつきがあったホウレンソウはよく揃い、アクっぽさが抜けた。

酒井さんの堆肥はその時々で手に入る材料でつくるため、肥料成分も熟度もバラバラ。全面散布だと、肥料分が入りすぎたり大雨で流されたりしてコントロールが難しいのだが、堆肥マルチならあまり気を遣わなくてもいいのだそうだ。

「表面でゆっくり分解して土にしみこんでいくから肥料分の流亡も少ない。ホウレンソウもとうとう追肥なしでとれちゃったからね。未熟堆肥でも土中に入れ込んでしまうわけじゃないから病気もそんなに心配いらない。野菜の頭からぶっかけて葉の上に堆肥が載っかっても、まったく問題ないよ」

堆肥栽培の話

Q 藤原俊六郎さん（13ページ）、堆肥の肥料成分の計算をわかりやすく教えて！

近頃は、有機物をメインの肥料にする時代。堆肥の肥料成分を計算して、足りない分を化成肥料で補う方法を「堆肥栽培」っていうらしいな

肥料代を減らすのに、堆肥の施用量を厳密に計算するなら、リン酸やカリなど堆肥中に多い成分を基準に堆肥の施用量を決める

オレは計算は苦手だ！これまでどおりの量の堆肥を入れて、その肥料分を今までより減肥すりゃあいいんじゃないか？

堆肥施用量の計算が面倒という人には、施用量をあらかじめ1～2t/10aと決めて施用量を計算するやり方もある。藤原さんのやり方で、これだと計算上「過剰」になる成分が出てきてしまうこともあるが、現在堆肥1～2ｔに化学肥料を上乗せしているのが普通であることを考えると、過剰になっても影響の少ない量といえる。土つくり（炭素量の維持）効果をねらった従来どおりの施用量なので、地力維持にもなる

どうしても計算が面倒な人には 堆肥の量を1～2t/10aに決める方法もある

肥効率だろ！

いずれにしても、堆肥の施用量を計算するには、堆肥の中の肥料がどのくらい効くかを考えて計算しないとな

家畜糞堆肥の肥効率推定値（藤原試案）

	処理形態	牛糞	豚糞	鶏糞
チッソ	生・乾燥糞	30～40%	50～70%	50～70%
チッソ	糞主体堆肥	20～30%	40～50%	40～50%
チッソ	オガクズ混合堆肥	10～20%	20～40%	20～40%
リン酸		60～70%		
カリ		70～80%		

- この目安は、堆肥を毎年入れている連用土壌のもの。これまで堆肥を入れていない土では数値ほど効かない
- 翌2年目以降もこの目安で計算する。堆肥は年々蓄積していくが、チッソやカリは雨などで流れる分が多く、2年目以降の肥効はそう期待できない。生育を見てチッソが効きすぎたと感じたら肥料を減らす
- こうした計算がどうしても面倒だという場合の目安

➡牛糞堆肥を連用している畑では堆肥1t/10aにつき元肥でチッソ1kg、リン酸5kg、カリ7kg減らしてもよい（あくまで目安）

の牛糞堆肥を 2t/10a 入れるときの施肥量計算法

①まず、堆肥に含まれる肥料成分を計算する

堆肥 2t

	チッソ	リン酸	カリ
堆肥（現物）中の成分含量（%）	0.7	0.9	1.0
成分量（kg）	14	18	20
肥効率（%）	20	60	70
作物に吸収される量（kg）	約3	約11	14

えーと、まずこの2ｔの中には、チッソは 2000kg × 0.7% = 14kg含まれていると。フムフム

それから、さっきの肥効率を参考にすると、牛糞堆肥はチッソ 20 %、リン酸 60%、カリ 70%が作物に利用されるから、チッソは 14kg × 20% = 2.8kg吸われるんだな

おおっ、
この牛糞堆肥を２ｔ入れると、
チッソ3kg、リン酸 11kg、
カリ 14kgが土に入ることになるんだな

チッソ 0.7%、リン酸 0.9%、カリ 1.0%、水分 60%

②次に、堆肥の肥料成分を考えた施肥量を計算する

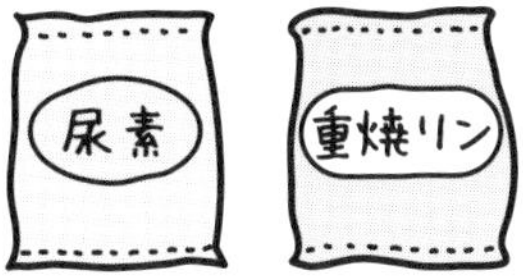

いずれもkg

	チッソ	リン酸	カリ	
施肥基準（元肥）	15	15	15	オール15の高度化成で100kg
堆肥から供給される量	3	11	14	
差し引き（必要施肥量）	12	4	1	
肥　料（現物）	尿素 26	重焼リン 13	硫加 2	単肥で41kg

⬅ 一般的な方法

堆肥栽培

差し引く

尿素はチッソ成分46%、重焼リンはリン酸成分35%、硫酸カリウムはカリ成分50%

こんなに節約できる

元肥にチッソ、リン酸、カリがそれぞれ10 aに15kg必要とすると、えーと、そのうち堆肥からチッソ3kg、リン酸11kg、カリ14kgが出てくるから差し引くんだな。すると足りないのはチッソ12kg、リン酸4kg、カリ1kgだけか！　尿素を26kgと重焼リン13kg、硫加2kgですんで、肥料代は大助かりだ！

◎堆肥の比重は、通常の堆肥（水分50～60%）なら0.5が目安。また堆肥の重さの目安は2 tトラックすり切りなら770kgだ！

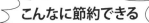

掲載記事初出一覧　すべて月刊『現代農業』より

本書は『別冊 現代農業』2021年３月号を単行本化したものです。

撮　影
●赤松富仁
●倉持正実
●田中康弘
●依田賢吾
●鈴木一七子

※執筆者・取材対象者の住所・
姓名・所属先・年齢等は記
事掲載時のものです。

今さら聞けない　有機肥料の話　きほんのき
米ヌカ、鶏糞、モミガラ、竹、落ち葉からボカシ肥、堆肥まで

2021年９月５日　第１刷発行
2024年９月30日　第５刷発行

農文協　編

発行所　一般社団法人　農山漁村文化協会
郵便番号 335-0022 埼玉県戸田市上戸田2-2-2
電 話 048(233)9351(営業)　048(233)9355(編集)
FAX 048(299)2812　振替 00120-3-144478
URL https://www.ruralnet.or.jp/

ISBN978-4-540-21150-8　DTP製作／農文協プロダクション
〈検印廃止〉　印刷・製本／TOPPANクロレ㈱